城市，你好！

Hello, city!

蒋培铭　著

JiangPeiming

中国建筑工业出版社

图书在版编目（CIP）数据

城市, 你好！ ／ 蒋培铭著. —— 北京 ：中国建筑工业
出版社，2014.8
ISBN 978-7-112-17073-9

Ⅰ. ①城… Ⅱ. ①蒋… Ⅲ. ①城市规划—建筑设计—
文集 Ⅳ. ①TU984-53

中国版本图书馆CIP数据核字(2014)第155395号

责任编辑：李　鸽
书籍设计：肖晋兴
责任校对：陈晶晶　张　颖

城市, 你好！

蒋培铭 著

＊

中国建筑工业出版社出版、发行（北京西郊百万庄）

各地新华书店、建筑书店经销

北京市晋兴抒和文化传媒有限公司制版

北京君升印刷有限公司印刷

＊

开本：880×1230毫米　1/32　印张：7$\frac{1}{2}$　字数：139千字

2014年10月第一版　　2014年10月第一次印刷

定价：35.00元

ISBN 978-7-112-17073-9

(25241)

此书献给逝去的父母、小弟。

感谢家人、朋友对我的鼓励与帮助，

与所有关注城市与生活的人共勉。

儿子说：有历史文化底蕴的城市真好！

序

与蒋总相识大概有十几年的时间了，但的确谈不上深交。多数是在各种学术活动中短暂交谈，而平时各忙各的。虽同在北京，甚至同在一条街上（后来才知道他的工作室就在车公庄大街旁的市委党校院里），也鲜有往来。总的印象是蒋总一直比较执着创作，不甘作专业设计院中的配套。人也颇有个性，对当下的一些建筑现象常持批评的态度。在他那总是炯炯有神的目光里始终有一种"愤青"般的光彩。

不久前蒋总打来电话，说他有一本书稿要出版了，希望我帮忙作序。我问是什么内容？他说是关于城市问题的，这让我有些犹豫。城市可是大问题，我缺乏研究，担心写不好，于是就让蒋总发个邮件来看个提要。不想老兄倒是干脆，一下把全部书稿一股脑发了过来，我借出差路上粗粗阅读，发现蒋总作为建筑师对城市的观察、思考和评论不仅面比较宽，也有一定的深度，让我对这位仁兄刮目相看，心生敬意。

　　众所周知在现代专业领域，建筑和城市早已分为两个学科方向。城市规划与建筑设计成为上下游的关系，规划师负责设计城市，而建筑师的工作是在城市规划的规定条件指导和制约下展开。这往往使得颇具个性的建筑师们往往对规划生出许多看法和抱怨，尤其当看到城市环境的诸多问题在规划管控下不但没有改善而且愈演愈烈时，似乎会更加怀疑规划的价值。实际上这种情绪往往会生出两种态度：一种是自说自话，独善其身——不管外部城市的环境如何，专注追求建筑作品的完美，或是在现有规划条件下为业主追求建筑（开发）利益的最大化；另一种则是更主动地从上位思考做起，每做建筑必先做城市研究，更主动地从解决和改善城市问题角度寻找建筑设计的路径，甚至会超越规划条件的限制规定，变被动为主动，把更多的城市空间规划到建筑中去，换言之是让建筑更积极地创造城市空间，融为一体，以期一步一个脚印地改善环境。这样产生的建筑佳作多少能反映出建筑师对城市的责任感。当然更有一些大师、巨匠高瞻远瞩，畅想城市的未来，抑或直接设计城市。像日本的丹下健三、巴西的尼迈耶都曾创作出城市的杰作。还有不少大师做过许多未来城市的假想设计，极有创意如乌托邦一般，但对现实城市发展也有不少的启发性。甚至也有不少建筑师最终走上城市规划和管理的岗位，从设计建筑变成设计城市。

前些天邀请来自台北的张枢建筑师来院讲座，特别也请蒋总参加。张先生的演讲顺序挺有趣，先介绍一个小小的步行桥，很有趣，他便说桥做得好便去做公厕，然后公厕做得好便去做学校，学校做得好便有机会做车站，如此这般，越做越大……直到做起了台北和台中市的规划咨询委员，做起了城市规划设计。特别应提到的是张先生还写了一本小书叫《台北原来如此》，把台北城市空间的许多内涵和特色用生动的图文梳理得清清楚楚，很有意思，不仅对专业人士而且对一般市民、游客都会是解读城市的好帮手！由此说来，建筑师从设计建筑到研究城市、设计城市应该是一种职业逐渐成熟的趋向，也算是一种专业上的回归或融合。想一想自己这几年的确参与城市的工作越来越多，从城市设计项目到城市风貌规划，还有一些政府请我作城市规划顾问之类的差事，似乎对城市的话语权大了不少。当然，外界越是给我这样的机会，自己就越觉得对城市学习得不够，研究得不深，自然对城市问题也就更要多关心，多思考，也要向同行们多请教。

　　蒋总积数年之研究，对城市诸多问题有感而发，观点鲜明，语言坦诚。我想对建筑学人和关心城市的人们来说都会有一定的启发和共鸣。我希望有更多的建筑师在忙碌的工作中也来关心城市、研究城市、参与城市工作，不仅担负起建筑师的责任，也能为城市环境的改善、创造城市的未来贡献我们建筑师应有的智慧和力量。

2014年7月于北京

目 录

引子

　　2008年7月（北京奥运会开幕之前），我在北京一个购物中心的咖啡厅等人。为了打发等人的无聊时间，我一边喝着咖啡，一边随手翻阅着一本杂志。我没有喝咖啡的习惯，喝咖啡只是做做样子，我把更多的注意力放在杂志上了。当然，就是看杂志，也只是看看有什么新闻轶事，并不求有何所得。但是，看着看着，杂志里有一则关于城市人口的报道，让我产生了极大的兴趣。

　　这则报道的内容大致是这样写的："据联合国人口与环境组织关于世界人口的报告，从2008年起世界城市人口的变化将是一个划时代的时刻，2008年世界城市人口将首次超过农村人口。以中国、印度为首的亚洲国家，同时包括正在发展的非洲，正在加速城市化的进程，2040年世界的城市化率将达到70%左右，城市的时代即将到来。"

　　说心里话，如果不是看到这样的报道，我对世界城市人口与农村人口的状况真不清楚，可笑我还是搞建筑设计相关工作的。这则报告也许很多人看过，会有各种不同的联想与看法。

自从看了这则报道以后，我产生了这样的念头，想写一些有关城市的文章。一方面，作为一名建筑师，我的注意力更多在于剖析城市局部、个体的建筑，从没有认真、全面、客观探讨整体的城市。另一方面，这几十年来，我亲眼目睹了中国城市前所未有的巨大变化。我开始对城市产生了浓厚的兴趣，城市究竟是怎么回事？传统的城市与现在的城市区别在哪里？现在的城市是理想的城市吗？

我们的父辈、祖辈，可能没有想到中国的城市变了，变得非常的彻底，完全崭新的模样，几乎很难寻觅过去的痕迹。新的城市完全颠覆了过去城市的体系，城市的大小、格局、秩序、风格都变了，让我们感到非常的新奇与陌生。城市不再有大小的限制，大而无边，不再是约定俗成的清晰格局，而是变得复杂与不定。不再讲究秩序、风格，而是变得随意与多变，我们一时间无法读懂、欣赏城市了。就像我们面对法国现代艺术家杜尚的作品一样，总会一筹莫展，莫衷一是。城市为什么会是这样呢？

我原来认为，只有中国的城市发生了这样的事情，有了这样的结果。但是，我到过欧洲、美国、日本等国家，发现现在的城市都发生了这样的事情，很是令人困惑。不知这是世界城市一脉相承的归宿，还是世界城市的通病。有一点我是清楚的，无论是在欧洲，还是在亚洲（美国的城市历史很短，我姑且排除在外），那些被保留或保护下来的传统城市，总是能够吸引人们的目光，让人们驻足良久，拍照留影，认真地端详与揣摩。我们不禁要问，传统城市的魅力为什么永不衰退？既然人们如此喜欢传统城市，传统城市为什么不发展了。而现在的城市，除了大片冰冷的金属、玻璃、石材外表外，没有任何与人沟通的情感语言，甚至不知道城市在表达什么。人们会说现在的城市很现代，而现代就是忌讳继承了什么、代表了什么。

中国现在的城市与欧美、日本现在的城市差别越来越少了，非常的相像。不同的是，欧美、日本把传统城市保留得很完整，甚至与现在的城市遥相呼应，而中国的传统城市几乎不存在了，或者成为现在的城市很少有的古董摆设。如果现在城市的思路是正确的，我们似乎还有些惬意地满足。如果现在城市的思路是错误的，我们会输得很惨，因为传统的东西，我们抛弃得所剩无几。

中国现在的城市为什么会这样？因为我们不懂现代城市，只能学习欧美、日本现代城市的实践。可是，我们在学习的过程中，一点思考、鉴别的耐心都没有，完全抄袭、模仿欧美、日本的那一套，从城市的局部到个体的建筑都不放过。

也许我们说的不全对，但我们希望人们思考关注这些事情。城市管理者不要总是关注城市的经济与所谓的形象，建筑师们不要过于陶醉于建筑作品的出奇制胜。我们应该真诚的关注一下城市。

只要稍微留心观察一下现在的城市，你就会感到现在的城市可能存在一些问题。城市的发展是不是太快了，是不是规模太大了，会带来许多城市基本系统运行与保障的问题。城市的秩序与风格是不是有些复杂、混乱，我们看不到城市整体规划的意图。城市的建筑太疯狂了，完全失去了理性的态度，我们无法欣赏建筑了。城市人口是不是太多了，完全失去了计划与安排，城市人满为患。城市的汽车是不是太多了，造成城市的交通频繁拥堵的现象，人们出行变得非常的困难。同时汽车尾气造成城市的空气污染，城市的空气质量非常的恶劣。现在的城市生活是不是太物质化了，人们过多关注物质的索取、享受，而忽略了可贵精神的培养与塑造，使得很多人觉得物质生活非常的丰富多彩，而精神生活非常的空虚迷茫。我们还会感觉到城市不再注重文明礼貌了，人们彼此间非常的不尊重。同时，虚假的骗局经常出现，使得人们之间缺乏了互信。人们不断突破道德的底线，使得人们的情感、信仰出现了危机，等等。我们不知道现在的城市还是不是真正的城市。以上诸多问题正在影响城市的品质，影响人们生活的幸福指数。

我们需要静下心来，认真地思考一下，城市应该如何建设，才能具备优秀的品质，才是真正的城市，让人们切身感受到城市真正的魅力。城市人口与生活应该如何安排，才能保障人们幸福快乐的生活。在保障物质生活水平不断提高的基础上，如何建立城市的文明、道德，如何建立城市的真挚情感，如何建立城市的伟大信仰，才能让人们感到生活真正的充实。否则，我们的城市建设是没有意义的，不是真正的城市与生活。

这三十年（1980～2010年），中国的城市建设与城市的生活究竟发生了什么？

这三十年你生活在中国的城市，你会感到城市变了，生活变了。

你会看到城市快速地扩张，波澜壮阔、大而无边，我们现在已经不知道城市有多大了。而且城市的扩张没有结束的迹象，我们不知道城市的终点在哪里。

城市变得高而密集，建筑群落高耸云天，你已经不知道建筑会有多高，建筑群落密不透风，让你看不到天，望不到地。

城市中的建筑不再是一种风格形态了，而是千姿百态、个性十足，城市的空间变得异常的复杂而混沌不清。城市中的面貌是只有个性没有共性，只有个体没有群体的自由状态，城市不再有整齐的秩序、协调统一的风格。

你会发现城市许多的传统老街区、老建筑不见了，取而代之的都是新街区、新建筑，同时城市还在拓展放大，建设了许多城市新区，城市总体给人的感觉就是一个字——新。城市彻底变了样，不再亲切熟悉，而是新奇而陌生。我们也许会发出感叹：北京已经不是北京，上海已经不是上海。

在城市中，你会看到城市的人口剧烈增长，增长的人口给城市带来了很多动荡不安的因素，使得人们正常的生活受到干扰，并感到紧张，承受着巨大的生存压力。

你还会看到城市的汽车太多了，使得城市的道路到处是拥挤、堵塞的局面，让你会感到出行的困难与烦恼。

随着城市的变化，我们的生活也发生了变化。

我们不再过着节衣缩食的简朴生活，而是过上了随心所欲的奢侈生活。

我们的居住状态也发生了改变，我们的住房从过去的一层变成了十几层或几十层，从技术、卫生质量很差与生活不方便变成了技术、卫生质量非常高与生活舒适便捷。

在过去的城市中，公共交通很不发达，我们的出行，主要靠步行或自行车。在现在的城市中，公共交通非常的发达，公交、出租车、地铁、轻轨等任你选择，并且许多的家庭有了私人汽车，很少有人再步行、骑自行车出行了。

我们的生存条件大大改善，从贫困走向小康、富裕。

我们的生活观念、方式、精神面貌也发生了变化，甚至道德、情感、信仰都变了。

我们的生活节奏，不再是轻松、悠闲、缓慢的状态，而是变得非常紧张与忙碌，人们每天仿佛在与时间赛跑，与生命抗争。

城市的生活模式不再传统单一了，而是兼收并蓄地尝试各种各样外来文化的生活，生活变得丰富而多样化，地域特色的生活正在悄然逝去。

新的城市、新的生活，让我们十分地欣喜与惊讶，改变了我们对城市与生活的认知，我们发现城市与生活可以改变，城市与生活的变化无可限量。

我们面对新的城市与生活，有些受宠若惊，不知所措，处于亦真亦幻的生活状态，甚至有些怀疑，这是真正的城市吗？这是真正的生活吗？

传统的城市有城市与生活基本的法则与美德的标准，我们容易判断与遵守。而现在的城市没有了基本的法则与美德的标准，我们不知如何判断与遵守了。

因此，我们会提出下面的疑问，希望寻找正确的答案。

为什么城市没有了大小的限定，难道是城市的总体规划法则没有了，为什么城市的街区、建筑没有了秩序与风格，为什么城市都在追求建筑的高大，需要如此这般吗？为什么城市的建筑都各自为政，彰显自我的个性风格，城市的协调统一怎么办？为什么城市的人口不加以限制？太多的人口，城市能够承受吗？为什么城市的交通频繁地发生拥堵，真的是汽车太多了，还是别的原因。为什么我们的城市与生活表现为物质的丰厚，而城市的精神、人性的精神没有了。为什么我们的城市不再注重自然环境,等等。

我们不知道现在的城市将来让人们如何评价，不知道未来的城市究竟如何。我们只能尝试着把现在的城市与传统的城市进行比较，看看现在的城市得到了什么，又失去了什么。

过去的老街区、老建筑，街道是窄窄的，建筑是低矮的，但是很接近人性的尺度，与人的关系非常的亲切，而且老街区、老建筑有着浓郁的地域文化特征。同时过去的老街区、老建筑与自然保持着亲密的关系，交相呼应，城市看起来是生长于自然之中，城市是生态绿色的。

现在的新街区、新建筑，街道是宽阔的，新建筑是高大的，尺度非常的大，让我们感到不那么的亲近，并且有一种距离感、压抑感。新街区、新建筑看起来风格十分的混乱不清，没有明确的文化特征。新街区、新建筑完全脱离于自然而存在，即使有自然的存在，看起来也是街区、建筑的附属或形式上的摆设。城市很难看到绿色了，映入我们眼帘的都是沉重的、高耸的、密集的建筑。

过去的城市大小是有限定的，城市的界限呈现清晰的几何图形，图形是方的或是圆的，规规矩矩。图形内有明确的一条或几条轴线控制着城市布局的对应关系，轴线的两侧还会有大小相同、均匀划分的网格，街区、建筑依据网格整齐地排列着，显得城市的街区、建筑非常有秩序、有韵律，呈现惟妙惟肖的城市肌理。城市的街区、建筑在空间尺度、形态上，保持着高度的协调统一。

现在的城市没有了大小的界定，随意地 拓展放大，我们怀疑已经没有了总体规划的控制。从现在的城市中，我们已经看不到城市清晰的界面图形，同时城市没有了清晰的轴线对应关系，城市的网格模糊不清，街区、建筑的排列参差不齐，街区、建筑的空间尺度、形态差异非常大，街区、建筑已经失去了秩序。城市的街区、建筑更加追求张扬的个性，重个体，不太看重群体；重个性，不重共性，因此我们已经无法判断城市的主流风格是什么。

过去的城市，是严格地限制人们的流动，不允许人们随意到另一个城市工作与生活，更不允许农村的人进入城市工作与生活，城市人口保持着有计划的状态。

现在的城市变了，变得开放与包容，人们可以随便出入、工作、生活在城市。因此，城市人口处于失控的状态，远远超出城市所能承受的程度。

现在城市人口太多了，是原来人口的几倍或更多，新增加的人口多是外来人口。城市人口的增长带来了城市文化的多样化，带来了城市生活的多样化，促进了城市快速的繁荣发展。但是，我们同时发现，不知是社会风气的原因，还是其他原因，城市的优秀品质在下降，城市的人口素质在下降，城市的道德、文明水平在下降，城市的公共秩序出现混乱，城市可贵的人文精神在消失。

在过去的城市中，我们的生活循规蹈矩，保持着一方水土一方人的状态。

现在的城市生活，不断地受到外来文化的影响，变得混杂而多元，城市本土文化特色的生活习俗正在弱化或消失，城市正在趋于大同。

过去的人们很友善，喜欢交流往来，经常地串串门、聊天、聚会，没事情也要写封信、打个电话问候，人们之间有着浓郁的情感需求，亲情、友情、邻里之情非常融洽。

现在的人们很冷漠，不喜欢交流往来了，亲戚、朋友之间的来往也只是电话、互联网，不愿意见面了，邻里之间不再有什么来往，亲情、友情、邻里之情正在变得淡薄、冷漠。

过去的城市，人们崇尚英雄，有着大公无私的奉献精神，有着共同的理想与信仰。

现在的城市，不再号召学习英雄了，人们更多地关心自己的利益所得，理想信仰都没有了。社会的崇尚与媒体的宣传，更加注重的都是那些所谓的成功人士、明星大腕，而在这些人身上体现的光环就是财富、名利。在这些人身上，我们看不到推动社会进步的积极意义，看不到人性高贵的品德与奉献关爱的精神，容易让人们产生错觉，似乎人生的目的就是追逐金钱、物质、名利。人们逐步把追求财富、名利当作一种信仰。为了金钱、名利而不择手段、弄虚作假、冠冕堂皇。

没有了英雄，可歌可泣的时代精神就没有了。没有了真正的信仰，社会的凝聚力就会丧失，社会就缺少团结的力量、集体主义的精神。

过去的城市中，人们的思想很保守，但严格地遵守道德，非常规范，讲究真诚、友善、互信。

现在的城市中，人们的思想很开放，但是道德沦丧，官员、职员、运动员、医生、教师违反职业道德，贪赃枉法的事情屡有发生。诚信没有了，企业出售假的、劣质的产品，媒体宣传虚假的广告，假文凭、假学术，等等。不知为什么高度进步、发达的城市，人性丑恶的行为却与日俱增，我们有些愤怒、惊恐、无奈，现在的人们怎么了。

我们有时怀疑现在的城市还是城市吗？因为现在的城市没有了总体规划的原则，没有了秩序与风格，没有了自然的环境，没有了人性真挚的感情，没有了人性的真善美，没有了真正的信仰，没有了凝聚力，没有了人性道德、诚信的准则，没有了互助关爱的集体精神。

我们把现在的城市称为"过度城市"，城市快速、过度的发展，整体规划、秩序、风格已经失去了控制。或者把现在的城市叫"生计城市"，城市的建设只是为了满足基本的生存需求，放弃了城市精神美学的需求。也可以把现在的城市叫"欲望城市"，城市的一切发展都是欲望、利益的需要，城市成为获取欲望、利益的工具。我们还可以把现在的城市叫作"都市的村庄"，就是说现在的城市更像放大了的农村，城市不再讲究文明礼貌，人口素质、修养不高，道德、情感没有了规范，没有了公共秩序，混乱堆砌的街区、建筑，脏乱差的街区、建筑环境，语言粗俗、衣冠不整的行为举止，自私自利贪婪的欲望……城市表面极度的光华艳丽，而城市极具内涵的品质每况愈下。有的人说，现在的城市甚至还不如农村，因为城市已经没有了具有生命力的自然。

随着时代的进步，城市应该是更具科学性、艺术性，生活的质量越来越高，人们的思想品德应该不断地提高。但是我们发现，城市越来越繁荣靓丽、先进发达，而城市的科学性、艺术性水平在下降；物质生活水平的不断提高，而人们的思想品德变得越来越龌龊、丑陋，这可是我们不愿意接受和看到的结果。

为什么传统的城市秩序和风格的，它所具有的科学性、艺术性，让我们欣赏到了城市迷人的魅力，而我们现在却做不到了。是不是我们忽略或放弃了城市的基本法则，或者我们根本只注重城市物质的堆砌、膨胀，而忘却了城市真正的灵魂、精神所在。

面对物质生活的诱惑，我们为什么只是拥有贪婪的欲望，只是追求物质的享受，失去了人性真善美的美德，失去了精神的渴求。

如果我们的城市没有章法，混乱无序，这还是城市吗？如果我们的人性物欲横流，没有可贵的精神，这还是真正的生活吗？

世界的城市化正在快速地进行，城市化仍然是不可逆转的发展趋势，我们将迎接城市世界的到来！我们希望城市变得更加美好，我们真诚地问候：城市，你好！

城市化

我们知道人类最早的聚集生活方式是村落，人类在村落中不知生活了多少年。

后来有了城市，人们开始在城市中生活。

随着城市的发展、完善，人们发现城市生活比农村好多了，住得好、吃得好、穿得好，交通方便。城市的形态也好，气势宏伟、波澜壮阔，比农村气派，比农村大得多了。而且城市的布局、造型讲究文化艺术性，城市提倡科学，鼓励人们创造，城市里有学校，使得你接受教育，获取知识。城市中有医院，为你的健康服务。城市中有数不清的商业，可以满足各种购物欲望。城市中有许多吃喝玩乐的场所，供人消遣。当然，城市中有政府的管理，有军队的保护，生活相对稳定、安全。

因为城市呈现了许多的优越性，明显地好于农村，人们都希望到城市中生活。但是城市的数量与规模是有限的，容纳不了太多的人。逐步的，长期生活在城市中的人口，成了城市人口，而没有进入城市生活的人口，成了农村人口。城市人口与农村人口的最大区别，不仅是生活的场所形态、质量不同，而且是城市人口不再从事农业劳动了。

要满足更多的农村人口进入城市生活，只有增加城市的数量与规模，这就需要长期不断地加大城市建设的力度。人们把农村人口转化为城市人口的过程称之为城市化。

随着世界城市化的进程，我们已经知道了世界城市人口超过了农村人口，我们可以得出结论，目前大多数的人在城市生活。但是我们要知道，世界城市人口超过农村人口只是世界人口的平均值，具体到世界各个国家，城市人口与农村人口的比例是不一样的，有的国家城市人口大大高于农村人口，有的国家城市人口与农村人口接近，有的国家城市人口远远少于农村人口。

为什么各个国家城市人口与农村人口的比例不同呢？这是因为世界各个国家的城市化进程不同，有的国家城市化进程比较早、比较快，城市化率非常高，城市的发展已经到了相当繁荣发达的程度。有的国家城市化进程比较晚，城市化率很低，城市发展的水平十分落后。世界上的城市化比较低的国家，主要是发展中国家，比如亚洲、非洲、南美洲的一些国家，城市人口还是占很少的比例，城市化率在10%～40%之间。还有一些国家，主要是发达国家，比如欧洲、北美的国家，还有部分的亚洲国家，城市人口所占的比例相当大，城市化率在60%～90%之间。世界城市化的进程是不同的。

我们知道城市人口的确定，在不同的国家有不同的规定与含义，多数国家规定以行政中心所在市镇，包括其郊区的全部人口为城市人口，有的国家以首都作为城市，比如布隆迪、卡塔尔等。有的国家本身就是由一座城市构成，整个国家的人都是城市人口，比如新加坡、摩纳哥等。有的国家规定人口下限，比如欧洲的一些国家，规定人口2000或5000人以上的居住点就是城市，所以欧洲的城市化率比较高。在中国、苏联等国家规定城市人口必须有户口。还有一种规定，就是70～80以上的人从事非农业经济活动，就是城市人口。

我们知道了，城市化就是把农村人口转化为城市人口。问题是如何把农村人口转化为城市人口，是有组织、有计划地将农村人口转化为城市人口，还是允许农村人口可自由地进入城市生活，直接变成城市人口。

如果是有组织、有计划地把农村人口转化为城市人口，城市的发展应该是有序地进行，人们的生活应该得到基本的保障。如果是让农村人口随意地进入城市生活，城市的发展就可能存在许多不确定性，这些农村人口的生活可能得不到保障。

还有一个因素我们必须考虑的，那就是农村人口不能简单安排就行了，或者让他们随意地进入城市就行了，而是要让他们如何适应城市生活，同时培养和教育他们在城市中的生存能力，这样才是彻底的城市化。因为农村人口根本不了解城市的生活方式与城市规矩，而且农村人口以前除了耕种以外，并没有什么其他的技能，所以他们在城市中是很难生存的。

我们认为城市化还需要注意的就是，不仅要客观、科学、有计划地安排农村人口进入城市，还要注重城市建设的形象，那就是建设真正艺术的城市，而不是像人们所说的，北京、上海表面气势磅礴、光华艳丽，而城市的形象却像超大的农村，缺乏城市的真正品质。我们很担心，农村正在不断地消失，而真正的城市也在消失。

中国的城市化

如果我们回到几百年、几千年以前，中国曾经是最强大的国家，具有世界上最美丽、最伟大的城市。但是，自从1840年以后，由于众所周知的原因，中国开始衰弱，城市开始落后，这种状态一直延续了一百多年。

1949年新中国成立，国家、城市的发展才有了一线生机。但是，好景不长，国家、城市的发展突然止步于"大跃进"，"十年动乱"。从1958年到1976年，中国发生了无数次的政治运动，严重影响了城市的建设与发展。这时的城市发展很缓慢，甚至出现停滞的状态，由于政府号召上山下乡，大部分青年开始进入农村，还出现了"逆城市化"的现象。

20世纪80年代，国家开始改革开放、发展经济，国家的经济不断强大，几十年的光景，国家的经济总量GDP上升到世界第二，引发了世界的瞩目与震惊。

国家经济的强大，使得城市的发展有了千载难逢的大好机遇。

在经济的催化作用下，中国城市迅速地繁荣发达，成为人们津津乐道的热点，城市成为人们前进的方向。我们看到人们从农村走向城市，从小城市走向中等城市，从中等城市走向大城市。

无论是大城市，还是中小城市，城市人口迅速地增长。

据2012年2月22日国家统计局发布的《中国2011年国民经济和社会发展统计公报》指出，中国城镇人口首次超过农村人口，比例达到了51.27%，城镇人口达到6.9亿。今年3月份，社科院研究报告显示，中国要实现75%城市化目标应该在2040年左右，也就是说还需要30年。如果要完成2030年67.81%的城市化水平，意味着城市化率每年要提高1个百分点，也即每年1400万人口转移到城市。

报告同时认为：我国过去十年城市化的模式不可持续。城市化问题的主要表现：人口不完全城市化。按照常住人口城市化率已达50%，城市户籍人口仅仅达到33%；土地过度的城市化。城市化问题导致：空间结构的失衡，中心与边缘发展水平的差距进一步扩大；产业结构的失衡，房地产业过度繁荣；需求结构的失衡，内需不足；要素结构与经济动力的失衡，主要依靠大量消耗土地等资源推动城市化发展。

中国的城市化同世界相比究竟是一种什么水平，如果我们把国家统计局关于城镇人口的公告与前面提到的联合国人口与环境组织关于世界人口的报告相比较，我们发现中国城市人口占总人口的比例与世界城市人口占总人口的比例十分相当，真有些不谋而合的味道。

中国的城市化到底处于什么阶段，如果按照美国地理学家诺瑟姆的研究，我们将会得出很清晰的答案。1975年，美国地理学家诺瑟姆通过对各个国家城市人口占总人口比重的变化研究发现，城市化进程全过程呈一条 S 形曲线，具有阶段性规律：当城市人口超过 10%以后，进入城市化的初期阶段，城市人口增长缓慢；当城市人口超过 30%以后，进入城市化加速阶段，城市化进程逐渐加快，城市人口迅猛增长；当城市人口超过 70%以后，进入城市化后期阶段，城市化进程停滞或略有下降势。根据诺瑟姆的研究，中国的城市化正处于加速发展、城市人口迅猛增长的阶段。

中国的城市化进程迅速加快，是由于近三十年来中国城市不断地建设与发展，城市的数量与规模不断地增加。

三十年，中国打造了一座千万级人口的现代化新城市——深圳，这是一个曾经只有几万人的小镇。

中国城市数量迅猛地增长，城市由新中国成立时的136个增长为668个。城市化进程大大加快，城市化率由新中国成立时的约12%，上升到50%左右，城市人口达到国家总人口的50%左右。

中国城市的规模不断扩大，有的增长几倍，有的几十倍，城市四处蔓延，一望无际。小城市变成了中等城市，中等城市变成了大城市，大城市变成了超级的国际大都市。

过去20万以下城市常住人口为小城市，20万～50万城市常住人口为中等城市，50万以上城市常住人口为大城市，100万以上城市常住人口为特大城市。根据现在城市等级的划分，城市的等级大大地发生改变，人口50万以下属于小城市，人口50万～100万才为中等城市，人口100万～300万称为大城市，人口300万～1000万号称特大城市，人口1000万以上冠之为巨大型城市。

通过举办北京奥运会、上海世界博览会、广州亚运会等一系列影响世界的活动，中国的城市建设达到了前所未有的高潮。城市成为万众瞩目的热点，城市展现了更加迷人的魅力，吸引了更多的人进入城市。

虽然中国城市的规模不断加大，城市的数量不断增加，而且还在不断地加大城市建设的力度，但是我们发现城市似乎永远满足不了人们的欲望与需求，这是为什么呢？

这是因为我们的城市建设，并不是为了解决人们的居住、工作问题，更多地是为了解决经济问题。人们进入城市完全是自发、盲目的流动，并没有得到适当的计划与安排，城市也许并不需要他们，他们多是城市不安定的隐患。

我们看到，尤其是像北京、上海这样的大城市，是人们最迫切希望去的地方。一方面是因为这里生存、发展的机会比较多，同时有可能实现发财致富的美梦。另一方面，人们贪图大城市的风光无限与物质享受。于是北京、上海两座城市人满为患，居住成为非常严重的问题，一是需求不够，二是房价极高。居住环境质量更是恶劣，如果按照国际标准，每平方公里居住人口少于15000人是比较舒适的，北京、上海远远超出这个标准。

为了经济，为了满足更多人的欲望。北京、上海这样的大城市，开始无度、无序地拓展，越来越大。这样就带来了城市系统运转繁重压力，教育、医疗、交通、环境的保障严重不足。北京、上海的发展过于旺盛，人力、人才过剩，逐步拉大了与其他城市的距离，造成中国整体城市的发展严重地不平衡。

同时由于城市人口的无计划性，没有限制，城市人满为患，必定对本土居住文化的状态产生严重的破坏，造成原住民的生存问题没有解决，同时还要解决过多的外来人口的居住问题，会产生严重的社会问题，发生本土主义、民族主义与外来文化激烈的矛盾。由于人口流动的过于频繁，人口的政策不到位，世界上许多国家已经发生极端排外的暴力事件。而且我们发现，城市人口的过于繁杂，管理不方便是一个问题，同时严重抵消了地方的人文特色，甚至改变了城市固有的品质美德。北京、上海这样的大城市，表面看起来现代，光彩亮丽，但人口的素质正在不断地下降，城市的公共秩序正在遭受破坏，城市的道德水准正在下降，等等。有人说北京、上海更像超大的农村，或者像暴发户，一是表达北京、上海的城市文化品质正在下降，另一方面表达了城市人口的综合素质的整体评价。

我们真诚地呼吁，中国城市化在考虑经济发展的前提下，在城市开放包容的背景下，必须掌握一个度，如何让我们的城市更健康，更具有优良的传统与品质，更富有人性的关怀，更加体现城市真正的艺术魅力，而不是过度地放纵城市走向无法控制的极端。

我们需要真正的城市，一个真正让人舒适快乐的城市。

城市

城市的存在已经有几千年的历史了，在欧美、日本等发达国家，城市已经成为家常便饭了，非常的普遍，并且呈现高度发达的水平。但在发展中国家，城市还不普及，无法满足人们迫切的愿望与需求，而且发展中国家的城市，一直处于发展缓慢的落后状态。

但是，最近几十年，发展中国家的城市出现了蓬勃发展的势头，不仅原有的城市变得繁荣发达，不断地拓展，而且还建设了许多新城市，世界终于进入了城市时代。

我们一直不懈地建设城市，追求城市生活。但是有多少人知道真正的城市是怎样的？真正的城市生活是怎样的？

为了找到问题的答案，我们翻阅了大量的资料。

资料显示，城市是更多人居住的地方，除此之外，城市没有确切的定义。我们不禁要问，城市就没有生动形象的解释吗？农村也是很多人居住的地方，为什么不能称作城市？显然，城市是有标准的。

要找到城市的标准真是很难，古城北京、罗马、巴黎都是城市，我们却找不到它们之间有明显的相似之处，三座城市的大小不同、布局不同、风格不同。但是，如果我们认真地观察、研究三座城市，就能发现它们之间的相同之处，那就是三座城市都有明确的图形范围，图形呈几何状，或方或圆。城市图形内部，都有清晰的轴线、网格，轴线控制着城市布局的对应关系，网格呈现着城市均匀有序的街区、建筑肌理。城市都呈现着协调统一的、独特的地域文化风格。三座城市给人感觉相同的还有一点，那就是不论城市建设的历史有多久，始终遵循着某种规定的原则，使得城市非常的完整如一。

这样的城市给人们的感觉是气势恢宏，文化艺术感染力强烈，秩序井然，风格独特。按照现在的说法，这样的城市一定是有总体规划的，一定是经过非常缜密的思考、研究、建设的过程，我们习惯把这样的城市称为传统城市。

我们至今仍然赞叹传统城市的匠心独运、伟大卓越的成就，但只是写一写、说一说，现实的情况是我们不再建设传统城市了。不知道是不是因为传统城市的格局过于死板僵化、按部就班，还是因为传统城市的风格太落伍了，或者传统城市不符合发展的需求。

我们看到运气好的传统城市会被当作历史文物保护起来，运气不好的传统城市被破坏得很严重，甚至销声匿迹了。

我们看到正在建设的城市都以现代城市自居，所谓的现代城市，就是城市的大小没有限定了，城市图形的范围模糊不清了，城市没有了刻意的轴线对应关系，城市街区、建筑的网格没有了规律可言，城市的风格也混沌不清了。

传统城市与现代城市最大的区别，就是传统城市强调共性，强调群体的呼应，而现代城市更加强调个性、个体的特色。

从专业的角度上来讲，我们喜欢城市是有整体规划的，有秩序、有风格，认为这样才是真正的城市。但是从一般人的角度来讲，他们更多地凭借对城市的印象，来描绘对城市的感受。

如有的人喜欢北京、上海、东京、罗马、巴黎、伦敦、巴塞罗那、纽约等比较大的城市，繁华热闹，高楼林立，大而无边，认为这是他们心目中的城市；有的人喜欢苏州、无锡、大阪、威尼斯、夏纳、马洛加、费城等不大不小的中等城市，有浓郁的地域文化特色，认为这是他们心目中的城市；有的人喜欢只有几万人的小城市、城镇，田园般的生活，很简单、清静，认为这是他们心目中的城市。

人们对自己熟悉的城市，能够简明扼要地说出城市的某些特征。

有的人会告诉你，城市的大小是有规矩的，城市的布局很有章法，街区建筑的排列很有秩序，城市有独特的地域文化风格，这些人所说的城市一定是传统城市。

有的人会说，城市是大大的，一望无际，宽阔的道路、高耸密集的建筑，风格是多姿多彩的，我们认为这些人说的一定是现代城市。

如果我们问一些人，你喜欢传统城市还是现代城市？通过回答我们发现，有文化情结的人会喜欢传统城市，追求时尚情结的人会喜欢现代城市。

在实际的生活中，人们更喜欢到城市的老街区、老建筑转一转，仿佛在老街区、老建筑之间，才能找到城市的真正内涵所在。而在新街区、新建筑之间，人们除了领略到一些新鲜刺激外，感觉不到任何的城市底蕴在哪里。

一般人不太知道城市规划是怎么回事，因而人们对城市为什么这样而不那样不是很清楚的。人们只会机械地、被动地接受城市的结果，除非城市的建设影响了个人的利益，人们不关心城市如何建设。人们在城市中经常是看热闹的角色，只是激动、高兴于城市建设的变化，从不怀疑城市的建设是否正确。

一般人会说，城市吃得好，穿得好，住得好，这是只关心在城市中享受的人。

如果有的人很热情、认真的给你描述一下城市的特色景象，如城市的风土人情，著名的建筑、河流、山峦等，会讲出许多城市的故事，这是对城市有观察、有感情的人。

如果有的人给你讲述城市的历史、城市的文化、城市的风格、城市的品质，你会肃然起敬，这是一个很懂城市的人。

还有一些专家学者，会高谈阔论地阐述城市的真正含义，但往往是空洞的、虚幻的，与人们的亲身感受相距甚远。

由于人们很少知道城市规划的概念与意义，人们对真正的城市了解不多，人们不知道如何关注、关心城市，更不知道如何欣赏城市。关心城市的目的就是把城市当作自己的家，认真地呵护、维护城市的一草一木。欣赏城市的目的就是知道城市如何是美的，美的原因在哪里，美的法则在哪里，美的意义在哪里。

很多长期在城市中生活的人，不知道城市是需要总体规划的，认为城市的建设就如老百姓私搭乱建一样，不需要什么章法，想怎么干就怎么干。现代城市建设的许多做法就是这样的，从而误导了人们对城市的这种理解。

其实，城市的建设应该是相当讲究的，从整体到局部，从局部到细节，都需要科学合理的分析，深思熟虑的计划安排，城市的每一个环节都必须到位，精心的设计与雕琢，而不是走一步看一步，碰运气。专业一些的说法就是城市规划，城市规划包括城市的选址、范围、规模、人口、功能组成、道路交通、建筑布局、建筑风格、绿化景观等等。

所谓的选址主要是天时、地利、人和的因素，还包括城市重要的职能特征，职能就是城市的定位，比如是适合行政、金融、商贸为主体，还是适合文化教育、旅游、工业、厂矿生产为主体等等，当然居住是必然考虑的，而且是重中之重，人的基本生活必须保障。城市的范围的大小、规模的大小、人口的多少、功能组成必须有战略的眼光，有前瞻性，做到以上的内容城市基本上成立了。

城市是讲究科学的，讲究美学的。

所谓的科学就是对城市的规模大小、人口的多少进行严格的量化分析与控制，道路、消防的设置、绿化景观的设置、建筑的高度、尺度、色彩、材料等，做出明文的规定，规定是有法律效应的，大家都要去遵守、执行，这样的话，城市才会变得严谨，有一定的秩序，不会乱了方寸。

所谓的美学，就是城市的规划从城市的范围图形，内部的网格结构，建筑的布局、风格等，要有一定的美学构图原则，比如城市的图形是方的，内部的网格结构也是方形的，城市的图形是圆的，内部的网格是弧线、放射线，网格是有大小之分的，一般大的网格比较少，多是均匀相等的网格。大的网格经常是城市的轴线，城市所有的布局，都是根据轴线找关系的。

北京旧城的城市规划，是严格地遵守着一定的美学原则的，我们看到旧城的图形是方的，内部的网格结构也是方的，图形内有一条很清晰的南北轴线，俗称中轴线，中轴线上的网格尺度是比较大的方形，大小不等，建筑、景观的尺度也比较大，建筑是高大雄伟、色彩艳丽、风格各异，景观是成片的，绿树、山水、花草应有尽有，从南到北依次是永定门、天坛、前门大街、天安门广场、故宫、景山公园、北海公园、地安门、钟楼、鼓楼、土城等，都是城市最为重要的建筑景观，在城市的总体布局中显得十分的醒目。中轴线左右的网格尺度是比较小的方形，并且均匀相等，建筑、景观的尺度也变小，建筑是低矮平缓的，色彩是朴素的，景观只是蜻蜓点水般的在一个个院落之中。

如果我们把北京旧城中轴线上的建筑、景观，看作城市的主题，中轴线左右的建筑、景观看作城市的背景，我们发现主题突出了城市特色的变化，背景展现了城市的秩序。

通过以上，我们发现，传统城市从整体的构图形态，轴线、网格的设定，街区、建筑的排序关系以及总体风格的把握上是非常严格的，有着明确的城市总体规划原则。

但是，随着现代城市的出现，我们发现城市不再遵守或很难执行城市规划的原则了，城市的规划，不再讲究所谓的图形，图形内部没有了清晰的轴线与网格肌理，城市的风格不再追求完整协调的统一。

现代城市给我们的感受是松散的、无序的、自由奔放的，我们已经无法分辨城市规划的原则与意图。现代城市的整体已经让我们无法描述了，我们的目光，经常被那些个性张扬的个体建筑所吸引，每个个体建筑都像时装模特一样，使尽浑身解数吸引你的注意。这些充满个性的建筑，如果你看得多了，会感到头昏脑涨、眼花缭乱，不知如何是好。

我们把近现代所建设的城市，都称为现代城市。现代城市究竟有什么特点，如果你到过美国，在那里也许会找到答案。

　　欧洲是现代主义的源头，但现代主义在欧洲并没有得到迅速的传播推广。现代主义真正兴盛一时是在美国，美国将现代主义进行了彻头彻尾的实践，现代主义在美国得到淋漓尽致的发挥，出现了轰动世界的现代科技、工业产品、教育、文学、绘画等等，现代城市也应运而生。

　　纽约，是美国乃至世界现代城市的代表。如果你漫步于纽约曼哈顿，会彻底改变你对城市的观念与态度。

　　纽约的曼哈顿规模浩大，建筑林立、高耸云天，气势磅礴，风格的多样化，完全超出我们曾经认为的城市范畴。城市中一切不可能的事情都在这里发生，你无法再用传统城市的观念，去认识和欣赏，甚至无法用语言来定义这里的一切。

　　由于没有传统城市那种图形、城墙的界定，我们对纽约城市的大小产生模糊。由于城市没有清晰的轴线与网格关系，我们很难确定城市的主流方向。由于城市的建筑没有层次、风格之分，我们看不清城市的主题与背景。

　　纽约曼哈顿在我们的眼中，竟是重峦叠嶂、高耸云端、密不透风的高大建筑群，表现出令人叹为观止的震撼力，让我们顿时感到渺小，对城市只有崇高的敬意，高楼大厦仿佛倾倒（透视的效果）向你直面而来，伴随着一种莫名的压力，让你望而却步，有一种压抑得透不过气的感受。各种风格、尺度的建筑混杂在一起，搞得你眼花缭乱。

城市彰显的都是建筑的力量，在街区中很少看到亲切的绿树、花草，就连飞翔、歌唱的小鸟也见不到，我们仿佛与世隔绝，来到了一个超自然的世界。即使城市中有一些集中绿化的公园，让我们感到只是装饰、点缀的作用，人工的痕迹太重。

这就是现代城市的形象与气魄，有人说这是城市土地集约高效的结果，有人说这是科技、工业的力量，也有人说这是赤裸裸竞争、贪婪的结果。

城市过于高大有许多弊端，城市的尺度过大，让我们感到很不亲切、轻松，交通的距离加大，人们之间的联系非常不方便。高大的建筑，通风、采光效果极为不好，我们感受不到空气的流动，感受不到阳光的雨露。高层建筑使得人们上下楼非常不方便，使得人们懒于去户外活动，建筑的封闭性、私密性，使得人们不愿意交流。并且高层建筑，如果遇到灾害，人们是很难逃生的，美国的"9·11"事件，正说明了这点。

我们身处高大的建筑群落之中，由于建筑的遮挡，很难看到金色的阳光，辽阔的天空，广袤的大地，欣赏不到山川河流、绿树花草，仿佛与自然界隔绝。我们再看看纽约曼哈顿城的建筑，缺少耐心细致的工作，要么是简单的方盒子，要么是诡异的形式主义，即使建筑有一些细节，也与文化的崇尚没有关系，充满工业化机器的味道，非常的冰冷。建筑完全成为孤立无援的个体，与周围的环境不发生任何关系。

你会看到正在建设的中国城市，巴黎的新区，日本的东京，德国的法兰克福，都出现了与纽约一样的景象。

现代城市的文化性与艺术性，更加强调所谓个人化的感情流露以及莫须有的思想主张，追求不同，新颖独特，我们已经不能用所谓的标准去评说美或丑、对与错。我们有时真的搞不懂现代的文化与艺术所表达的真正含义，就如同我们搞不懂法国大艺术家杜尚的艺术作品一样。我们也许喜欢它，但我们总是无法说出它的意义何在，美在何处，代表了怎样的思想，遵循了怎样的基本原则。

自从现代城市出现以后，曾经的城市原则似乎完全被抛弃了，而现代城市确实让我们看不到新的城市原则在哪里，新的城市体系又如何建立，我们对城市的发展有些困惑，迷失了方向。

人们曾有过许多的城市梦想与实践，也许值得我们借鉴和发扬光大。

中国的古人在《考工记》中对城市作出了形象的定义："匠人营国，方九里，旁三门，国中九经九纬，经涂九轨，左祖右社，面朝后市，市朝一夫。"根据于此中国建立了影响世界的唐长安城，北京明清紫禁城，当然中国还有"因天才，就地利"的南京古城，这是中国独树一帜的城市实践，并影响和传播到亚洲许多国家。

托马斯·莫尔的《乌托邦》，美国印第安纳州的西南洋浦一个小旅游点，叫"新和谐（new harmony）"。空想社会主义的代表人物欧文在这里建立了一个"乌托邦"式的公社，公社成员在这里为了一个共同的目标：建立一个"新的道德社会（A New Moral Society）"，同吃、同住、同劳动、同学习。

康柏内拉的《太阳城》，这是一个阳光明媚的地方，在这里，没有富人，也没有穷人，财富属于每一个人；这里没有暴力，没有罪恶，人们过着和平安详的生活——这就是太阳城。畅想的公寓住所，教育壁画，政府大厦，充满爱、智慧、力量的城，许多人感叹太阳城为什么没有建成？

约翰·凡勒丁·安德里亚的《基督城》，充满了对城市寄予的浪漫主义色彩。新西兰基督城约在150年后开始建立，人口约33万，城市中到处都是规划整齐的花园城市，英国人来此，以"英国之外，最像英国的城市"给了基督城一个崭新的定义，这里是进入南极的门户，由于当初前来建设该地域地标"大教堂"的人多是英国牛津大学的基督教会出身，因此为这个城市取名为"基督城"。

英国建筑学家埃比尼泽·霍华德1898年出版的《明日的田园城市》中更是将城市具体化。根据他的理论，日本规划建设了花园之都新潟市，这是已故日本首相田中角荣的故乡，首都东京的后花园，

"全日本的粮仓"，盛产优质的稻米，也是花卉之乡，盛产著名的百合花、郁金香。这里水资源非常丰厚，有"水都"之美誉，日本的著名河流信浓川在这里汇入大海，在此可以欣赏到美丽的富士山，这是一个典型的农业生态型花园城市。

法国的巴黎，拿破仑三世时期，由奥斯曼爵士进行了十八年的建设，使得巴黎形成规划完整、风格统一的城市，并成为近现代世界城市的典范。

著名建筑师柯布西耶在20世纪30年代在《雅典宪章》推出了现代城市设计的理论，在城市规划布局与建筑风格上，对几百年、几千年城市传统进行了彻底的挑战，对近现代城市的发展产生了重要的意义与影响。

许多的城市梦想变成现实，成为今天我们看到的城市，一些城市有着百年、千年的历史，并成为伟大的城市，有的城市如昙花一现，瞬间消失；有的城市梦想只是一种期盼或虚幻，至今我们没有看到。人们还在不断地对城市进行研究与实践，新型城市、新的梦想还会出现。人们对城市总是充满希望，不论什么样的城市梦想，我们认为都是善意、美好的。

根据我在城市中生活的阅历，我认为城市除了基本的规划、秩序、风格法则，还有独特的魅力所在。我把对城市的印象进行一下分类与总结，供大家分享。通过我的介绍，你可能进一步了解城市，并且能够想象和设计一座城市。

我粗略地盘点一下自己去过的城市，国内的大小有一百多个，国外有几十个或更多，因为国外城市的名字很难记，具体数目就不清楚了。根据我曾游历的城市，我想从另外一个角度去定义城市，使得城市在我们的心中更加生动形象，发现城市的相似之处，独特之举。让我们很好地判断、定义城市应该如何发展，保持特色。

我们不难发现，世界各个国家的城市不一样，每个国家的城市也不一样，就是相邻的城市也不一样，城市多种多样，丰富多彩，让我们有着不同的感受与感动。

我们会看到许多城市毗邻江河湖海，水成为城市重要的元素或主题，水态、水色、水的方向，对城市产生重要的影响，既是城市重要的风景，又成为城市的象征，我把这样的城市称为滨水城市。中国南方的城市，多具有这样的特色，这与地域的自然条件有关，如香港、上海、苏州、无锡、厦门、广州等，当然北方也有这样的城市，如天津、青岛、大连、哈尔滨、吉林等。国外的也很多，如威尼斯、伦敦、开罗、巴黎、纽约、东京等。滨水城市占据了世界城市相当大的部分，我们还没有计算一些小河、小湖的城市，江河湖海经常就是城市的起源，水是生命之本嘛。

有一些城市，在山水之间，我们称之为山水城市，这样的城市也很多，如中国的南京、重庆、大连、拉萨等，这样的城市具有立体感，多与自然紧密地结合，随着自然的地貌高低起伏，随着水势缭绕，城市更多了一层自然的气息。

还有一些城市，坐落于山峦之中，我们称之为山城。中国的重庆、贵阳、兰州等，西班牙的吉罗纳，白色山城米哈斯，法国著名作家司汤达的故乡格勒诺贝尔，美丽的希腊山城波罗斯岛。

有一些城市以植物、动物、自然景致、矿产资源命名，如花城、狮城、煤城、桐城、石城、冰城等，城市的特色一目了然。

以上的城市，充分展现了城市与自然的和谐关系。

有一些城市因特殊的产业而闻名，如中国的陶瓷之都景德镇，盛产丝绸的苏州，美国的汽车城底特律，金融、贸易之都纽约，等等。

有一些城市目前看起来，依然有着很明显的历史风貌，我们经常把这些城市称为古城，如中国的北京、西安、南京、苏州等，日本的京都、大阪等，意大利的罗马、佛罗伦萨、米兰等。欧洲对古城的保护做得很好，许多城市依然古色古香，其他大洲的古城保护很不乐观，甚至遭到了严重的破坏。

有一些城市，似乎遵循了某种规定和法则，城市的秩序井然，风格特色一目了然，当然这些城市多是古城，如北京、西安、巴黎、罗马等，城市有着清晰完整的图形，图形的内部具有严格的轴线、网格所形成的对应的逻辑关系，非常的理性。我们把这些城市叫作图形城市，如老北京的图形是方的，有一条清晰的南北轴线，网格也是方的。欧洲的一些古城，喜欢用一个或多个圆形组成城市的图案，因此城市的轴线是放射状的，城市的网格也是放射状的，如意大利的罗马、法国的巴黎等。中国常州附近的古淹城，是三个一个套一个的圆环组成的。还有一些城市很图形化，如城市像一片叶子，像一个动物，等等，我们仔细观察一下，古老的城市都有一些图形的特点。我们发现城市的图形很有趣，这是为什么？我们只能猜测，城市的产生，一定遵循着某种规则或规律。

我们会看到许多的城市，具有浓郁的地域风情，除了其独特的人文、自然特色、产业、图形，令我们赏心悦目外，更加直接对我们视觉产生冲击的是建筑。建筑很明确地向我们表达了城市的特色文化，同时给我们一种别具一格的真正艺术享受。城市的空间轮廓线、街区形态，往往通过建筑直接地、立体地展现在我们面前。通过建筑的文化特色，让我们同样很容易判断地域的特征属性（当然殖民地例外），是亚洲、欧洲，还是美洲；是中式的、日式的，还是欧式的……美洲以前多是玛雅文化的特征，可惜流传得很少，甚至销声匿迹。

有时个体的建筑可以成为城市形象的代言，如我们看到北京的故宫、天坛，悉尼的歌剧院，纽约的世贸中心，巴黎的埃菲尔塔，罗马的斗兽场，伦敦的塔桥，等等。

群体的建筑同样成为城市的象征。我们会看到，上海的外滩、苏州的民居、北京的四合院、巴黎的香榭丽舍大道、纽约高耸云端的建筑群。

有一些城市，具有明显的民族、地理气候特征，当然还包括它们具有的特色语言、服饰、舞蹈、生活习俗等，如我们经常说的"大陆风情"、"宝岛风情"、"南美风情"、"南太平洋风情"、"地中海风情"、"北欧风情"、"北美风情"等，往往展现着区域性的特色，不限于一个国家或城市，我们可以把这些城市叫作"风情城市"。

当然城市还有许多我们没有说到的地方，如城市的道德、情感、信仰、贫富状态、居住、交通、环保、医疗、教育、就业等等，就如我们开始所说的，城市是难以描述、定义的。

建设传统城市那样有图形、秩序、风格的城市，我们现在也许做不到了。但是我们希望城市保持一定的城市精神所在。如果城市的大小控制不了，我们可以保持城市的秩序与风格；如果城市的秩序控制不了，可以保持城市的风格。如果城市的风格也不存在了，城市彻底一无是处了。

如今这个时代，人们的思想混乱，生活混乱，城市混乱也就不足为奇了。我们生活在一个混乱的世界里，丧失了原则，丧失了美德，丧失了文化，丧失了信仰。使我们的城市飘忽不定，令我们的生活漂浮不定。城市的灵魂，生活的灵魂，无处安生。

城市的品质

城市的品质

通过以上的介绍，我们应该对城市有了粗线条的认识与了解，你可能还有心目中的城市，愿我们有机会分享。

我们每到一个城市，总是希望了解得越多越好，比如我们要了解城市的历史，是长还是短，从而知道城市的底蕴有多深厚。我们要知道城市的大小，从而很好地安排我们前进的路线。城市是否繁荣发达，很好地满足了衣食住行的需求。城市是否干净整齐，环境优美，景色宜人，令你赏心悦目。城市的交通状况如何？是否方便快捷、四通八达，让你随心所欲地去任何地方。城市是否具有特色的文化风格，令你新奇、感动。城市的人们是否热情好客，彬彬有礼，让你有宾至如归的感觉。社会治安是否安定，让你非常放心，不再提心吊胆。通过人们的精神面貌，从中你可以体会人们生活得是否安逸、幸福，是否有自豪感、优越感。我们对一个城市了解得越多，就愈发感受到一个城市的优与劣、好与坏，因为我们心中有一个城市的标准，左右着我们对城市的判断。其实城市是有标准的，我们把这些标准称作为城市的品质。

品质，对人、对物都是难能可贵的境界。具有品质的人，会令我们敬慕，具有品质的物品，会让我们爱不释手，仔细品味。关于品质，在吃喝的方面，我们会想到北京的全聚德烤鸭、稻香村糕点，我们还会想到法国的红酒。在用的方面，我们会想到中国的陶瓷、德国的汽车、比利时的玻璃、非洲的木雕等。在建筑方面，我们会想到中国、欧洲、南美等不同地域的风情。在城市方面，我们会想到老北京城、老巴黎等。我们为什么会把品质与以上的内容联系在一起，这是因为前面我们所列举的内容，都达到了令人欣赏、赞叹的水平，从实用价值、工艺水平、艺术价值、文化内涵、时代特色等都是极致的、精彩绝伦的榜样，值得人们喜爱与尊重。

追求品质的人，有内涵、有修养，始终如一，万变不离其宗。追求品牌的人，一定是因为品牌的名气，有炫耀、跟风之嫌。人们往往把品质与品牌混淆一团，分辨不清，因此得出谬论，有品牌的就一定有品质，其实不然，现实的生活中，我们经常看到徒有其名的事情，这是因为现代人学会了宣传、炒作、弄虚作假。反过来有品质的东西一定会创出品牌，应该是顺理成章、合情合理的。但是现代社会，有品质的东西，如果不宣传，人们也会怀疑。社会存在的不良风气，有时让我们不相信一切，真亦假，假亦真。我们逐渐淡忘了可贵的品质，去追逐所谓的品牌，人家有什么，我要有什么，随着时尚的变换而不断地变换。

品质不是说有就有的，具有高贵的品质就更难了。品质需要长期的自觉地、精心地培育、积累、爱惜、修炼。我们看到的百年老店、千年城市能够经久不衰，赫赫有名，正是因为具有恒久的、令人欣赏、尊重的高贵品质。

什么是城市的品质，没有准确的定义，各种说法不一。

我们认为，真正的城市应该具有如下的品质：

1. 城市应有完整的规划，如城市有完整的图形，清晰均匀的肌理、轴线关系，很讲究秩序。城市不要太大，方圆10公里足矣，如果还要大，可以把城市分成几个部分，每个部分之间，有足够的绿化、景观隔离带，隔离带最好有1公里的宽度，一些城市的公园、公共设施（交通枢纽、医院、博物馆、影剧院、商业）等，可以安排在隔离带内。城市的人口不要太多，对人口要有准入政策，必须控制，一座城市的刚性资源（学校、医院、居住）丰富到满足生活的需求，不造成对立的矛盾。建筑风格可以多样化，但建筑的空间尺度（高低大小）、材质、色彩等要严格地控制，建筑的群体要有空间和谐的韵律感、层次感。如老北京、巴黎那样有主有次，有秩序。

2. 城市的功能组成布局要均衡、配套齐全，充分考虑社会活动、生活、工作的使用需求。重要的功能设置，必须有量化的计算，考虑城市的容量、服务半径。功能的组成有些要留有余地，考虑未来发展的需求。保障功能正常运转的交通、电力、热力、煤气、水等系统，最好一步到位。功能的不到位，系统的不到位，给城市带来了许多的不便与困难。城市的边缘、结合部经常发生这样的问题，造成许多社会矛盾。

3. 城市的环境要自然、人性化，主要体现尊重自然，满足人与自然的亲密关系。我们都喜欢有山有水的城市，我们喜欢花园一样的城市，我们喜欢绿色的城市。但现在的城市远远做不到，这是规划的问题，还是管理的问题，还是人们放弃了自然？城市要充分利用自然环境，如果不可能，我们希望，每一个街区道路交叉口，有一个街心花园，大小无妨，关键是提供了人们适当休息的机会，有条件的话设置小商业、电话亭、公共卫生间。城市街区1公里的范围内，要有一个10公顷左右的公园，供人们散步、活动、体育健身，老人晒阳光，幼儿、儿童、学生玩耍，还可以办一些社区活动。街区5公里的范围内要有大型的公园，供不同社区人们交流、活动，最好配备大型的体育、电影、文化、博览、图书馆、俱乐部等，大型公园要组织城市、社会的活动。

4. 城市的人居环境，最好职业相关、熟悉、品性相投的人住在一起，城市传统的街区要保留，即使拆了建筑，人要保留，保持城市原住民的文化。反对现代的居住区，通过商品房买卖关系把不相识的人圈在一起，没有人情味。我们希望居住区环境优美，充满自然的气息，升级旺盛，具有强烈的生命感召力。

5. 城市的交通运输，要尽量通过公共交通系统解决，方便快捷。严格限制私人拥有汽车、电动车。更要杜绝那些私人造的车，规范性、安全性极差。中国的许多城市，被各种车辆搞得交通十分混乱，人人自危，交通事故不断。同时城市的街区主干道、次干道、小巷、胡同的设置，要充分注意宽度、密度、容量的均匀合理，北京、上海有一些街区占得太大，在这里，城市的道路严重不足，如果我们把城市的道路比作血脉，血液通过这里不能流动，经常造成城市的交通血栓。

6. 城市的文明，这里的文明主要指人们的行为举止得体，有礼有节，守纪律，尊重社会公共秩序与法律。人们关系融洽，街坊四邻友善，有爱心、奉献精神，有凝聚力、集体精神，有真正的信仰、追求，犯罪率低下。对严重不遵守纪律，扰乱社会公共秩序的人，必须重罚。现在城市中，不遵守纪律，没有公德意识，我行我素的人太多了，从人们开车、骑车、走路、排队、说话的行为举止就能看出。我们发现所有的原因，与受教育的程度无关，与权力的大小无关，与财富的多少无关，与人们的言谈举止无关，完全是整体人性堕落、恶劣的表现。我们在城市中经常看到，开豪华车的、有钱的、有权的人，最不遵守公共秩序，极度嚣张、狂妄，有恃无恐。有钱有权的就不是人了？

7. 城市中的人们，居者有其屋，安居乐业。居住舒适，心情愉快，工作轻松，收入尚可，社会福利完善，商品物美价廉，没有任何经济压力。我们能有空闲的时间，参加社会活动、度假、探亲访友、修身养性、浪漫一下、放松一下。

8. 城市中的人们有自豪感、幸福感，深深热爱城市的一草一木，把城市当作自己的家。

9. 城市中的人们有追求、有信仰，有主人翁的精神、社会责任感。

以上是我对品质城市的一家之言，并不一定全面，但我认为城市的品质如果能达到这种境界，就相当不错了。

城市的秩序与风格

城市的秩序与风格

什么样的城市给你印象最深？

一般来讲，有秩序、有风格的城市会让人印象深刻。

有秩序的城市，会让你感觉到城市的韵律、节奏是那么的清晰，城市是那么的有章法，整齐划一，所有组成部分似乎在遵守着某种法则，呈现严谨的一一对应关系，仿佛像一个有亲缘关系的大家庭，每个部分都难以割舍。

有风格的城市同样令人印象深刻，难以忘记。城市的风格让人感受到了城市的特色是那么的醒目，展示着一种独具魅力的精神。城市的风格是整体的，不是某个个体就能代表的，无论你走到哪里，所看到的城市风格都是一脉相承的，虽然有一些形式、色彩、细节的变化，但是万变不离其宗，让你感觉到城市始终展现着一种主流的旋律。

什么是城市的秩序？

笔者认为城市的秩序，就是城市的范围是有限定的，不能太大。城市太大的话，城市的整体秩序很难控制与管理。城市的范围最好是明确的图形，可以是比较规矩的方形或圆形，也可以是比较自由的，但是有思想、有设计的图形，严格地控制着城市的边缘形态，让我们很清楚城市的意图。

城市图形的内部要有清晰的轴线，一条或几条，作为城市重要的骨架支撑体系，决定着城市平面布局的对应逻辑关系，决定着城市空间的起伏、流动的方向。

我们经常看到一些城市中最为重要的道路，比如第一大道等，就是城市的轴线，比较小的城镇，经常就是一条大道，横贯东西，城市的一切据此来布局，这是城市最为基本的形式。比较大的城市，会有几条轴线交错或平行于城市之中，这样更加丰富了城市的布局方式，更加丰富了城市空间的形态。

城市有了图形范围，有了重要的轴线骨架，还是不够的。城市需要更多的内容来填充，这就是我们经常看到的街区，街区是呈现网格状的，网格的形状有三角形的、方形的、多边形的、弧线形的、异形的……网格的形状经常是受到城市图形、轴线的影响，与城市的图形、轴线有着某种天然的联系。如果网格与城市图形、轴线没有关系，或者网格的形状大小不一致，给我们的感觉就会是很乱的。

当飞机起飞或降落的时候，我们会从飞机的舷窗俯瞰到城市街区所形成的各种网格图案，像我们看万花筒一样，非常生动有趣，我们把由网格所形成的图案称作城市的肌理。

如果你看到城市街区的网格大小相等的，有着近似的形状，有着像棋盘、渔网、蜘蛛网的图案，你会感到城市的肌理是均匀的、有规律的，你会感到城市的布局是非常有序的。

我们如果从空中鸟瞰一座城市，城市的街区的网格大小不等，形状也不相同，你会感到城市的肌理是不均匀的，没有任何规律可循，你将不知如何找到城市的秩序。

什么是城市的风格？

我们以上所说的城市的图形、轴线、网格，也是城市风格的特色，如老北京的图形是方形的，有一条南北贯穿的、非常明确的轴线，城市的街区所形成的网格也是方的，老北京城的布局非常有特色，成为城市的经典。除了城市的布局风格以外，城市的风格也包括城市的空间形态。城市的空间形态，主要是通过建筑的排列组合，也就是建筑的布局，再有就是建筑的尺度大小、高低错落关系，还有的就是建筑的形式、材料、色彩等。

城市的风格还与城市的人文有很大的关系，如人们的生活习惯、文化、宗教的崇尚，人们不断改变的观念与思想。如亚洲、非洲、欧洲、美洲，人们的生活习惯、文化、宗教有很大的不同，就是观念与思想也是差异很大。城市的风格与自然地理、气候的特征也分不开。从自然地理特征，我们会很容易看到，城市是山城，还是水城，还是平原城市等等。从气候特征也能区别城市的风格，如寒冷的地方，城市的布局多是封闭围合的，建筑很厚重，城市的布局、建筑的布局显得循规蹈矩。而炎热的地方，城市的布局是很灵活的，建筑是轻巧的、通透的。城市的风格也与城市的重要职能有关系，如城市的主要职能是政治性的、经济性的、军事性的。城市的风格，是最打动人心的地方，也是让人们刻骨铭心的地方。

城市的风格，是城市最具魅力的特色，让你人们很清楚地判断出，这座城市与另一座城市有什么不同。

我们到一座城市去出差、旅游，我们最想看的地方，就是城市的特色。我们会迫不及待地去看城市中的老街、老建筑，我们还会了解当地的风俗习惯，去观察人们的言谈举止，衣装打扮，去品尝当地特色的美食。我们还会注意当地的文化趋势与宗教信仰，以免OUT，落入俗套，或让人犯忌讳。

随着你与城市的亲密接触，你会逐步融入城市之中，感到城市的特色是那么清新可爱，让你步入一种新的生活，体会新的生活情调。

通过以上，我们是否可以把城市的风格归纳为城市的图形，城市主要脉络的轴线，街区的网格肌理，建筑的排列组合关系，建筑的空间高低错落、层次的变化，建筑的形式、尺度、材料、色彩等，还有的就是城市的风土人情，城市的文化取向，城市的宗教信仰。

我们如果知道了城市的秩序与风格的内容，就可以很清晰地判断一个城市是否存在着秩序与风格。我们觉得秩序与风格应该是城市首先具备的，否则城市不是真正的城市。

　　那么在我们生活的城市中，或者我们去过的城市中，你见过有秩序与风格的城市吗？你应该见过，否则我们的城市现状糟透了。

　　从现代城市的发展趋势来看，我们对城市的秩序与风格的状态有些担忧，因为城市的秩序与风格，越来越显得不重要了。在一些大城市，特别是一些超大型的城市，城市的总体秩序与风格已经很难形成，如果说还有秩序与风格的话，那只是局部、个体的现象。在大城市、特大城市中，城市的总体已经很难控制，或者是不得已放弃了。在一些中小城市，保护好的，或者发展缓慢的城市，城市的秩序与风格的韵味似乎还在，但大部分的城市的秩序与风格逐步在消失。在一些新建的城市与城市新区，我们更是很难看到或判断城市的秩序与风格。

　　在现实的生活中，我们发现大多数的传统城市，尤其是存在几百年、几千年的城市，还存在着一些秩序与风格。在欧洲，传统城市的秩序与风格保持得相当地完好，这是因为尊重与保护的原因。但是，在亚洲、美洲的情况就很不乐观，只有很少数的传统城市风采依旧，大多数的传统城市，只留下很少的局部片段，或者根本地消失殆尽了。许多的传统城市，我们只能通过某些记载、影像、图片资料来追溯城市的本来面目。

我们很奇怪，为什么传统城市的秩序与风格那么清晰？而现代城市的秩序与风格那么混乱不清。

我们通过分析很快地找到了答案，因为传统城市的建设，始终如一地遵循或坚持规定好的城市法则，要么一次性地完成，要么分阶段地完成。所谓的城市法则，就是传统城市的大小、城市的轴线、城市的街区网格与城市建筑的布局、形态都是预先规定好的，决不允许作出任何的改变。传统城市最初的想法与最终实现的结果很一致，传统的城市非常完整，秩序与风格显而易见。我们在过去的老北京城，我们在保护得相当好的巴黎旧城，能够看到传统城市的秩序与风格，是那么的协调统一，给人一种一气呵成的完整性。

自从现代主义产生，出现了所谓的现代城市，城市的建设不再遵循秩序与风格的城市法则，或者说没有了法则的约束，甚至城市的大小没有一个定数，也没有计划性的周期，秩序与风格是在不断地变化中进行的，没有起点，没有终点，城市没有整体的概念，城市给人们的感觉总是局部、个体的秩序与风格比较明确。尤其世界城市的国际化，使得城市之间没有了区别，几乎所有的城市出现了同样的模样。

我们是不是可以说，自从现代城市出现以后，世界城市国际化盛行之时，真正的城市已经不存在，城市的秩序与风格开始失落，城市的特色开始消失。

我们从美国的纽约、芝加哥到意大利的罗马新城，从德国的法兰克福，法国的巴黎新区到日本的东京，从澳大利亚的悉尼、墨尔本到中国的北京、上海，只要是新建的城市，或城市新区，我们看到的城市的景象几乎相同，除了城市局部与个体还有一些特色外，我们不知道城市的整体特色是什么。

我们把传统城市与现代城市进行对比发现，现代城市确实出现了许多难以预料、掌控的问题，更注重局部、个体，忽略了城市整体秩序与风格的把握。

我们不妨举一个实际的例子，来说明城市的秩序与风格，是多么美妙，熠熠生辉，带来了令人赞叹的、精彩绝伦的城市精神。

老北京城，图形是方的，城市的道路交通也是方正的网格，城市由一条南北轴线牢牢控制住，城市根据轴线呈对称式布局。皇城坐镇轴线的中央，南北轴线上布置的是公共建筑的功能，由南到北，永定门、前门、故宫、景山、地安门、钟楼、鼓楼等。轴线左右对称东单、西单、东四、西四、四合院。南北轴线上的建筑，高大雄伟，气宇轩昂，色彩斑斓，雍容华贵。轴线的东西，又稍有些色彩、造型的东四、西四、东单、西单向整齐划一、质朴低垂、色彩灰白、亲切宜人的四合院过渡。整座城市主次、色彩分明，南北轴线上的建筑是主题，轴线东西的建筑是背景，在地块的划分，道路的网格划分上，也是南北主要，东西次要，主题突出。整个城市有高低层次的空间节奏变化，有均匀和美的肌理变化，有浓淡相宜的色彩变化，城市的每一个细节都经过了精雕细刻，显现出卓越的品质。更有完整统一、大气磅礴、不怒自威的气魄。

我们看看现在的北京，经过几十年的快速发展建设，出现了我们难以想象的效果。城市的范围大而无边，城市的方形图形已经混乱不清。城市的南北轴线已经很不清晰，城市的街区方形网格肌理也混沌不清，城市建筑的形式、尺度、色彩、形态风格五花八门。我们忽然感到北京曾经的城市精神不见了，城市变得模糊不定。

为什么会这样呢，北京现代的城市规划，更加突出经济发展的格局，根本放弃了城市布局的原则与风格的把握。我们看到的北京城市规划，变成了经济利益的规划，城市的各个区域，更加突出经济的特色，比如东城区的金街、银街，西城区的金融街，朝阳区的CBD，海淀区的科技园，东城区南部的历史文化、体育产业，西城区南部的媒体大道，等等，各个城区都有发展经济的主题，在经济发展上出现的高度的统一。但是，我们发现，在城市风格的把握上，各个城区各自为政，甚至在道路交通的设置上，也矛盾重重，更多地为自己的利益打算。正因为如此，我们看到城市的风格四分五裂，没有协调与统一，城市的交通问题，也经常发生在每个城区的结合部，城市最差的地方也是在结合部，城市三不管的地方也在结合部，这里是城市的盲区、灰色地带。

如果城市的各个区域互相矛盾对立，可能是由于行政管辖的问题。可是我们看到即使行政独立管辖的地方，也到处存在着矛盾与对立，同样放弃了秩序与风格的把握。

我们已经无法要求城市整体的秩序与风格，因为城市的整体处于失控的状态，或者由于局部利益的互相斗争，无法协调统一。但是我们发现，就是城市的局部，也处于非常混乱的局面。让我们感到城市的整体、局部，甚至细节的秩序与风格系统都出现问题。

北京大学、清华大学是中国最好的大学，不仅仅由于学术的地位，而且由于学校的文化历史风貌，而名冠中华。

我们先看看北京大学，其老校园规划是美国人设计的，非常有秩序有风格。校园的秩序通过几条轴线，和一些重要的节点严格地控制着，所有的布局形态遥相呼应，浑然一体。校园的风格是传统的中国园林风格，绿树茵茵，湖波荡漾，山石婉转，建筑也是中国古典风格，完全融入园林所营造的自然怀抱之中。在这里求学，体会的不是学习的繁忙与枯燥，而是轻松的自然气息与心旷神怡，好一派校园风光。从北大毕业的学生，除了怀念昔日的同窗好友，更多的是对学校风格的情有独钟。我们看到许多城市的人徜徉在这里，享受学府的文化与校园自然美景的气息，偶尔听到朗朗的读书声，学生运动的呐喊与休闲的窃窃私语，不时地还有音乐声漂浮耳畔，令人感受到生命的动听。

可是自从北大校园扩充以后，建设了一批新的建筑与环境。我们发现北大变成了另一副面孔。新校区的布局没有任何逻辑关系，不伦不类、不中不洋的建筑，让我们看不到对历史的尊重，也看不到与时俱进的精神，景观环境也粗制滥造，与建筑没有任何关联。曾经书香气极浓的校园气氛，变成了充满喧嚣的商业气氛。北大的光华管理学院建筑与景观似乎不错，似乎焕发着北大的新精神，但是北大真正的传统已经消失。

我们再看看清华大学，二校门的古韵悠悠，清华园的荷塘月色，让人们敬慕校园的文化渊源和历史积淀，让人们享受美景的诗情画意。清华人戏称这里为"红区"，充满了校园文化的书卷气息，通过二校门所形成的主轴线，各部分的组成井然有序。但是近些年，清华发生了惨不忍睹的变化，一些新校区的建设，飞扬跋扈，没有环境，没有统一的风格，没有尺度空间的控制，没有和谐的色彩关系，景观更是苍白无力，缺少自然的流淌，人性的柔情，清华人把这里称作"白区"。

北京大学、清华大学的校园风格与环境，让我们不再感觉神圣与高尚，更多的是惋惜。为什么快速的城市化，这些百年的学校，也不能自重，不能幸免，不能谨慎行事？对于学校，甚至城市都是一种伤害，城市的高贵品质，正在慢慢消退。

我们慨叹，清华不是清华，北大不是北大。如果我们纵观城市，还会发现北京不是北京，上海不是上海，中国城市的优秀品质荡然无存。

正如《北京宪章》指出：20世纪是一个"大发展"与"大破坏"的时代，主体表现在：大拆大建、各类保护建筑遭到破坏、城市特有的风貌正在消失、城市的文明被切断、城市正在走向雷同。主要原因是没有有效的规划理论作指导，没有城市持久发展的成果，人文观念更新快，新区、老区分开建设，行政划区管理不统一。

为什么传统的城市是那么完整统一协调？而现代的、国际化的城市显得无度、无序、没有风格，我们从以下的对比中可能找出答案。

传统城市的范围大小是有严格地规定的，城市的建设是有分寸、规矩的，很适度。传统的城市有非常明确的轴线、网格，因为轴线，城市的各个组成部分有着明确的对应关系；因为网格，城市的肌理城图案非常均匀有规律可循。传统城市的街区、建筑，严格地按照轴线、网格进行划分与排序。传统城市的建筑形式风格、高低大小尺寸、色彩、材料、文化符号元素等，是相同的，或是近似的，如出一辙，非常协调统一。传统城市有着明确的地域风情，我们很容易判断出何时何地。

现代城市的范围大小是不明确的，随时发生变化，城市给人的感觉永远动荡不安，没有明确的起点与终点，城市总之是不确定的。

现代城市没有明确的轴线、网格，即使有也是局部、个体的，而且变幻莫测，没有贯彻始终的法则，我们很难找到城市整体与局部的关系在那里。现代城市的建筑形式风格，真是百花齐放，多如牛毛，像T形台上走秀的模特一样换来换去，都很靓丽夺目，但是我们没有明确的选择，我们被搞得眼花缭乱，莫衷一是。现代城市的地域风情几乎没有了，即使有，也是微不足道了，早已淹没在各种外来文化的碰撞之中。

我们忘记了，或者抛弃了传统城市存在的许多非常优秀的城市法则，然而我们新的城市法则却没有建立，从而造成我们新的城市规划没有明确的方向，只有局部、个体的内容，不知如何把握城市整体的协调统一。我们喜欢把区域性的城市规划搞得与城市的其他部分没有任何关联，把个体的建筑搞得不伦不类。

由于我们把更多的精力放在城市区域性的地方，城市的整体性没有人考虑了，因此我们看到城市被撕扯成许多无关的碎片，城市的整体性分崩离析。我们有意地把个体的建筑小题大做，疯狂地追求个体建筑的标新立异。我们经常听到业主、建筑师旁若无人地宣布，他们将要设计建造的城市与建筑是多么的不同凡响。

如果从城市规划、建筑设计的创新精神来看，我们无法指责人们的观念与追求。但是城市不是一个艺术博览会，不是时装走秀的模特，机动性、随意性很强。城市需要永恒的力量与美的感受。所谓永恒的力量，就是城市要有清晰可见、明确的秩序与风格。当然我们所说的城市秩序与风格，并不完全是一个死板的模式，需要在保证明确的秩序与风格的前提下，有一些变化，活跃一下城市的空间节奏。就像一首曲子一样，有主旋律，但也有高潮迭起的瞬间。这就是说城市像一台戏剧，有主角，也有配角。但是城市的主角不能太多，大多数的内容应该充当配角。主角是靓丽的，光彩夺目，配角是和谐的，起到陪衬的作用。城市的主角往往决定了城市秩序与风格的走向，但不是绝对的。独木不成林，城市的秩序与风格，需要大多数的配角通力合作，方能显现城市真正的整体秩序图风格。城市的主角，一般都处于城市非常重要的位置，其他的配角围绕主角儿展开。如果主角是城市的主题，配角就是城市的背景，相宜成章。

如果城市的主次分明、层次分明，有点、有线、有面，我们就很容易看清城市的逻辑关系。如果城市充斥着太多的对立与矛盾，都要充当城市的重要角色，城市将出现非常混乱的局面，没有秩序与风格而言。

还有一个原因，使得城市失去了秩序与风格。那就是现在的人们很少关心城市了。

随着城市的发展，城市的旧有体系不断地被突破或打乱，甚至土崩瓦解，逐步的使得城市变了模样，人们发现城市越来越陌生，这是一种熟悉的陌生，似曾相识，却不敢相认。家庭周围的环境变了，工作周围的环境变了，其他地方的环境也变了，在曾经熟悉的城市中，人们会突然迷失了方向，甚至找不到回家的路。有一天，人们又会发现周围的邻居也变了，熟悉的人突然四散而去。

人们忽然感受到了失落与孤独，感受到了城市的不确定性与游离感，甚至有一种被城市抛弃的感觉，没有了归属感，没有了主人般的悠然自得、闲庭信步，只能四顾茫然，凭着感觉摸索寻找。

现在的城市冷漠无情，很容易让人们产生一种失落感，觉得与城市疏远了，认为自己与城市不再那么亲密无间。一是人们不知道如何关心城市了，二是人们觉得城市与自己没有关系，觉得做什么对城市来讲没有什么意义，起不到什么作用。即使你觉得哪个街区是那么的混乱，建筑是那么的怪诞不经，发现大家都见怪不怪，泰然处之，你也只能随遇而安。人们突然变得更加关心自己，对城市发生的一切不管不顾，人们主动地疏远了城市，或者说城市在发展的过程中，逐步放弃了与民众交流沟通的机会。

我们看一看中国的现代城市的规划，只强调经济利益的布局，最根本的城市总体规划、秩序与风格没人关心与关注。

现在的中国城市规划，一般有以下几种方法，一是建设从无到有的新城市，这样的城市规划目前很少，但深圳是一个典型的例子。二是对老城进行保护或更新，北京、上海、西安等许多城市都面临这样的问题，但这样的城市规划建设很难，原因是老城的建设，费力、费时、投入巨大，还有拆迁的问题，但这是城市必须解决的问题。三是在老城的周边寻找一个区域，即所谓的城市新区，这是许多传统城市发展的思路。四是远离老城寻找一个区域，除了行政从属（有的行政完全独立）、道路交通、市政管线有关系外，与原有城市无任何关联，这样的方法目前有许多城市采用。其实这样去做，几乎是建设一个新的城市，但城市往往称之为新区，或者是城市富有远见的战略目标，是城市最有信心、最有潜力的地方。以上几种方法，第一、四种没有新城与旧城的协调关系，城市的规划、建设非常好办，可以随心所欲。第二、三种办法，新区与城市的关联非常大，始终存在新旧协调与完整的问题，这是城市规划难处理或经常逃避的地方，我们在这里经常会看到城市的问题。

完全建设一个新城市，深圳是近几十年发展起来的新兴城市的典型案例。深圳从一个渔村小镇，到成为特区，逐步发展成为令人瞩目的千万人口的大城市。深圳创造了城市建设的奇迹，成为许多城市效仿的典范。但是我们要说的是，深圳的成功的主要是经济与产业，在城市规划方面不是很成功的，没有科学性、艺术性的城市法则所指导，城市的规划是无序的、松散的。

我们认真地研究了一下深圳城市的总体现状，发现深圳的总体规划，同国内许多城市的新区规划存在同样的问题，那就是除了把政府行政区域规划以外，其他的地方乱作一团，虽然深圳有自然地貌的约束，城市的规划有一定的难度，但也不至于是现在的景象。我们觉得深圳的城市规划非常可惜，新建的城市，完全可以整体地作文章。

关于对老城的保护与更新，这是中国城市普遍遇到的问题。我们认为解决这样的问题，城市规划需要做的主要工作，就是如何保护老城市的肌理形态，如城市的图形、网格系统以及建筑的空间尺度与风格，最好不要对城市传统的状态做出太多的改变。法国巴黎在这方面做得非常好，中国的苏州也有这样的经验。但是我们发现许多的城市做得不够好，有一些城市，把老城的规划搞得一团糟，大量的拆改老城的形态，改变了城市原有的结构与风格，甚至冠冕堂皇地做出一些假古董的东西，城市原汁原味的风格都没有了。城市的管理者，似乎只关心改造与创新，根本不理会城市的历史文脉。即使城市做出一些保护的措施，也是局部的、象征性的，没有全面系统的保护。

为了斩断与老城千丝万缕的联系，或者为了避免城市规划与老城的协调关系。许多城市干脆在远离老城的一些地方进行建设，这就是所谓的城市新区，城市的新区除了行政上与老城有一些关系，其他的地方没有任何的关联。有许多的城市甚至把老城市一些重要的职能都搬到这里，把老城彻底的抛弃了。

以上的几种城市规划建设的方法，并不是按照城市的美学原则来规划的，完全忽略了城市的整体协调关系，也不是城市的真正需求，更多的是凭感觉、热情，或主要是经济效果、经济利益去规划的，并没有多少城市规划的科学依据，我们称之为经济规划。

我们看到几乎所有的城市规划被经济利益牵引着，今天这里，明天那里，城市快速地成长壮大，城市无序地一天天膨胀、蔓延，我们根本无法根据城市美学法则进行梳理，讲究什么城市的秩序、肌理、色彩、空间序列。

我们还看到这样的城市规划，城市的建设发展，往往由于政府领导的政绩需要，这就是人们常说的："规划，规划，领导一句话！"这些规划跟城市的生计需求、经济利益都无关系。如果是一个领导在其位、谋其政，一个政策长期地贯彻下去，城市也许会反映一种清晰的意图。但是我们的政府领导经常换，每个领导对城市的理解不一样，上一任领导搞东城，下一任领导却搞西城。或者前者南城，后者北城，城市被搞得不伦不类，这样的城市我们称之为领导规划。

还有一种城市规划，就是建设大量的居住区，根本不是城市的居住需求，而是房地产的暴利所驱使，我们把这样的城市叫作生计城市。

有一些城市规划，重点建设所谓的城市新区，这是所谓的城市新形象，许多城市这样做了，对城市有何益处呢？不远的将来会见分晓。

有一些城市，财大气粗，什么也不考虑，具有投机的心理，拔地而起千万顷房屋，无人问津，有人笑称这是"鬼城"。

中国的城市规划完全放弃了传统，完全着迷于欧洲、美国、日本等现代城市的风格，日本的都市圈，美国横亘南北、东西的城市带，完全打破了传统城市完整独立、闭合饱满的城市界面。

扭曲的人性与荒诞的城市

从20世纪末到21世纪初的几十年，世界城市将快速地发展，我们会在不久的将来进入一个由城市真正主宰的世界，我们把它叫作城市世界。

中国城市似乎顺应了世界城市发展的潮流，快速地发展起来。

在19世纪末到20世纪末的一百多年中，中国城市的发展，完全落后世界城市发展的水平，城市的发展非常缓慢，甚至出现停滞、萧条的状态。城市的落后伴随着生活的贫困，使得我们对城市没有感觉，更多的是疲于奔命，维系生计。我们也许认为这就是我们的城市，这就是我们的生活。

不知是机遇巧合，还是苍天有眼。最近这几十年，我们的城市、我们的生活变了。城市变了，出现了波澜壮阔、繁荣发达、高楼林立的景象。我们从来没有见过这样的景象，就是在梦中也没有见过。生活也变了，有了取之不尽、用之不竭的丰富物质享受。我们有些兴奋不已，城市新颖、靓丽，生活丰富多彩。我们也有些惊讶、困感，这是我们的城市吗？我们的城市为什么会这样。这是我们的生活吗？我们的生活为什么会这样。

我们在新的城市中看到的，都是我们以前没有看到过的景象，有的人说像国外，有的人说很现代，有的人看不懂、不理解。不论怎样，新的城市让很多人感到惊讶、兴奋，感到新奇而陌生。

新的城市让我们感到繁华热闹，城市大了，楼多了，人多了，车多了……城市大得没边，没有人知道城市究竟有多大，高楼林立、密不透风，看不到天，望不到地。城市突然不知从哪儿冒出那么多的人，南来北往的都有，南腔北调的都有，我们忽然间不知道城市的主人究竟是谁。城市的道路上车流滚滚，经常发生交通事故与交通堵塞的事。城市的格局变了，不再具有清晰可见的形态；城市的秩序变了，街区、建筑不再整齐有序的排列，更加强调变化与不同；城市的风格变了，没有了很明显的风格趋向，各种风格混杂在一起，只有局部、个体我们还看得清楚。城市整体的风格没有了，逐步失去了地域特色。城市格局、秩序、风格的改变，让我们经常迷失了方向，甚至找不到回家的路。

新的城市产生了新的生活。我们从开始不适应到逐步融入新的生活，发现摆在我们面前的是多的不能再多的物质诱惑。我们这才知道我们以前是多么孤陋寡闻，生活是多么的寒酸。我们看到了许多我们闻所未闻的豪华住宅、豪华汽车、名牌服装、美味佳肴，知道了什么样的物质生活是奢侈与享受。我们再也无所顾忌，为了更好地生活，拼命地工作，忙忙碌碌、身体透支、疲惫不堪也心甘情愿。

我们突然有一种感觉，生活的快乐就是生活中的富有，有好房子住，好车开，名牌衣服穿，再有名利，有地位，才是人过的日子。

然而随着在新的城市中生活久了，不免有一些倦怠，有些失意、困惑，发现并不快乐，物质生活很诱人、很丰富，但是在精神上是那么的空虚。几乎所有的人，因为极端地追求物质的生活，付出了巨大的代价。我们忽然感到，没有了亲情、友情，甚至爱情也不珍贵了；即使有感情，也让我们感觉到不是那么的纯粹。更可怕的是我们曾经慷慨激扬引以为豪的国家精神、社会精神、城市精神、人文精神等，不知何时都消失了。我们的精神一下子无所寄托，我们的信仰也没有了，或者不知道信什么了。

国家为了经济，城市为了经济，人们为了经济，把各个角落都变成了经济利益的战场，每个人都参与其中，否则担心被时代所抛弃。国家之间的关系变成了经济关系，城市之间变成了经济关系，人们之间也成了经济关系。国家为了经济，国家政治原则围绕其制定调整。城市为了经济，城市的法则与美德可以暂时放弃。人们为了经济，各显其能，不惜巧取名目、巧取名利，贪污受贿、贪赃枉法，不惜弄虚作假、草菅人命，不顾情感、道德、原则地贪得无厌。

我们不得不有一些担忧，在这浮夸躁动的时代，人性的真善美正在磨灭，城市的秩序与风格正在消失，城市的法则与美德被放弃，城市已经不是城市了。

·

1. 扭曲的人性

我曾经问过许多人，你对新的城市、新的生活、新的时代有何感触。

很多人首先是肯定的态度，现在的城市欣欣向荣，城市的发展不可限量。现在的生活物质丰厚，充分满足了我们的欲望，更加美妙的生活等待着我们。

有的人会说，国家富有了，城市富有了，很多的人富有了，好日子来了。这会让国家强大，让人们重拾信心。我们终于可以想更多的事，做更多的事，要抓住机遇，去实现曾经不敢想、不敢触摸的梦想。

有的人会有一丝担忧，过度经济化、物欲化的城市，让人们感到精神上的空虚。

有的人会说，过分地追求物质享受，金钱至上，使得拜金主义、利益主义重新抬头，滋长了唯利是图的行径，使得人们不惜说假话、大话，巧取名目，弄虚作假，道德、诚信沦丧，情感虚伪、冷漠，见人说人话，见鬼说鬼话。

有的人会说，集体主义、英雄主义、爱国主义没有了，人性的激励、关怀、奉献、爱心没有了。

有的人呼唤真情，城市在进步，生活在进步，而人们之间的感情却逐步萎缩，变得冷漠、淡薄，亲情、友情、爱情不再纯洁、高尚，邻里之间、同事之间、陌生人之间更加隔阂，人们的安全感在下降。人们之间的关系，没有了真诚相见，更多地夹杂着不可告人的目的。

有的人会说，没有了城市主人的感觉，没有了凝聚力。不知如何与城市亲近，不知如何关心城市、爱护城市，与城市产生了距离、陌生感。

有的人会说，我们现在不会用头脑，更多地依赖电脑。我们把鲜活的生命，喜怒哀乐都交给了电脑互联网，成为机器的奴隶，任劳任怨，不能自拔，人性的精神不复存在。

通过人们不同的回答，我们也许对现在的城市生活有了大致的了解，城市的发展是值得肯定的，但是在进步的过程中，有得有失，有益有害，有进有退，有成功也有失败。我们可以说，这是非常客观公正的当下城市，这是非常真实的当下人性。

其实，城市发展到今天这个样子，从物质的角度看，我们应该满足了。但是人是非常复杂的、矛盾的，人们有更丰富的情感需求，人们希望城市更好，人们希望生活更加轻松、快乐、幸福。我们渴望极具品质的城市，我们需要积极的人生态度。

2. 荒诞的城市

如果城市失去了秩序与风格，应该就不是城市了，甚至不如农村。

我们发现很多城市正在走向大同，惊人地相似，有时我们分辨不出城市有何不同，我们有时不知身在何处。

这些相同的城市，都没有明确的城市原则，没有了城市的秩序与风格，只强调个性，不强调共性；只强调单体，不强调群体，城市显得非常松散。

不妨我们看看世界城市的状态。

有一些人，可能去过美国的城市拉斯维加斯，这个城市经济主要依靠赌博业、旅游业，并因此而闻名世界。人们去到这个城市，更多的为了去赌博，或者享受超豪华的酒店生活。除了赌博、旅游，这个城市没有秩序与风格，所谓的风格就是酒店、商业。城市的总体没有规划，格局相当混乱，只是随意地拓展、蔓延。城市看起来很繁荣，但给人的感觉是挥霍、醉生梦死的地方，没有特别的安定感、安全感，没有人愿意长期地居住在这里。这样的城市是城市吗？

有一些人，可能到过中东的迪拜，这也是所谓的城市，除了一座七星级的酒店，一些豪华的别墅，一些商业目的很浓的建筑，什么都没有。城市的总体很散乱不堪，没有城市的味道，更像炫耀财富的博览会。这里显露出十足的金钱主义情结，似乎陈述着有钱什么都有可能。所有的存在不是城市的目的，而是疯狂的消耗金钱、资源来满足少数人的欲望。

日本因城市的整洁、细腻的品质著称，我们在京都、大阪、奈良等城市都见识过。但是你如果到过东京，你会发现东京完全改变了日本城市文化的品位。东京只是一味地大，追求所谓的都市圈效应。徜徉于东京，你没有了城市大小的概念，你没有了方位感。你看不到城市的层次、韵律在哪里，你分不清城市轴线、网格的秩序，你更看不懂城市的风格。城市给人的印象是一派混乱、拥挤、嘈杂，让你的心情非常焦躁不安。在东京，我们感受到物质堆砌的沉重感，感受到精神受迫的压抑感。我们看到的路人，尽是紧张、忙碌、失魂落魄、深不可测的神情。

纽约曼哈顿是美国最大的城市，给人的印象就是高楼林立，气吞山河，城市似乎保持着某种秩序、风格，但是我们看不到文化的印记，城市的表情单调而乏味。密集高耸的建筑，使人的自我存在感非常渺小，犹如在牢笼中挣扎的困兽。高大的建筑，使人不能极目远眺，即使看到也只是一线天，看不到广袤的大地，释放情怀。除了公园有一些水面、绿树、花草之外，在城市中，看到的只是冷冰冰的建筑，我们感到与大自然完全的隔绝。

你可能到过法国的巴黎，在巴黎的旧城，你会看到城市的轴线、网格是那么的清晰明确，秩序井然，同时具有韵味十足的地域文化风格。整个旧城让人感到表里如一，非常协调、完整统一。当我们来到巴黎的新区拉德芳斯，一切都变了，这里完全变成所谓的现代风格。我们在新区体会不到城市曾经坚持的、有条不紊的秩序，非常协调的形式风格只有个体建筑的张扬。巴黎的旧城与新区，是那么的不同，是那么的截然对立。

我们到欧洲其他的国家，城市的情况同巴黎的差不多，都是旧城风貌的保护还算好，至今散发着独特的文化气息。但是新建的城市或城市新区，不知为什么放弃了秩序与风格的控制。

我们有时感叹，传统城市优秀的品质就在那里，我们除了尊重与保护之外，在新的城市建设中却没有继承与发扬光大，而任由所谓的现代城市，没有节制、没有章法地混乱、蔓延下去，不知人们是怎么想的！

我们可能有一些疑惑，那就是为什么优秀的传统城市，除了保护更新以外，基本上停滞不前了，而我们所谓的现代的城市，让我们看不懂、弄不清，完全放弃了逻辑的关系，完全放弃了完整统一的控制与管理。

欧洲有值得我们学习的地方，就是他们尊重对历史文化的整体保护。但是，在新的城市与城市新区的建设中，似乎迷失了方向。许多的国家对传统城市的保护也做不到了，不知出于怎样的目的。

我们说一说相对了解的中国城市，除了少数的几个传统城市的风貌保护的还好以外，我们基本上同传统城市再见了。在放弃传统城市的同时，我们把中国传统城市优秀的法则与美德也放弃了。我们不是忍痛割爱，而是主动地放弃。

由于没有现代城市的理论与实践，中国所谓的现代城市建设，大城市的面貌更多的类似纽约、东京。许多的中小城市，与拉斯维加斯、迪拜差不多。

我们原本可能不希望城市是这个局面，但是时代造就城市，因为我们这个时代，城市发展得太快了，经济主宰了一切，城市成为经济的舞台。我们的观念、行为、热情，完全被经济利益所左右着，为生存而紧张地忙碌着，我们顾不了许多。

从世界范围来看，人们的思想与行为状态，是差不多的，不知这是国际化的结果，还是人们共同的心愿。

我们听到、看到的所谓政治，不再是治国安邦、为民谋福利为本，而更多的是说教，更多的成为政客闪耀登场的外衣，成为利益集团的工具。人们开始怀疑，政治更多的是华丽、迷人的谎言。

经济不再是为了保障民生福祉，而更多的是为了利益集团服务。

军事更多的是为了政治、经济服务，维护制度的统治，发动经济利益的战争。

人们的欲望与信念，更多的是为了去索取金钱，为此不惜失去道德与信仰，不惜尔虞我诈、草菅人命、贪得无厌。

　　社会制度的严重缺陷，政策制定的荒谬与失误，媒体的道貌岸然，造成社会公信力急剧地下降。人们不知道该依赖谁、相信谁，变得更加的孤独自我，精神空虚。

　　由于人们普遍的得不到集体的关怀，没有切实可行的社会保障，人们的凝聚力正在丧失，生活处于动荡不安与窘迫之中。

　　我们看到几乎所有的国家，财富集中到少数一部分人手中，众多的民众还是要辛苦劳作，忙碌不可终日，社会的不满与抱怨并不少见，社会的矛盾也日益见突出。

　　我们看到几乎所有的城市建设，不是为了城市，不是为了民生，更多的是搭建经济利益的舞台，或者制造混乱无序的城市，建设哗众取宠的怪异建筑。城市已经没有了科学严谨的态度，没有了美学原则控制的总体规划，只有经济利益的布局，城市已经失去了秩序与风格。

　　由于急功近利的思想状态，现在的世界已经很难出现真正的思想家、哲学家、政治家、科学家、文学家、艺术家等。出淤泥而不染，铁骨铮铮，直面人生的人少之又少。

　　这样的世界，这样的社会，这样的人性，不会出现正常的城市。

　　我们感到痛心不已，在物质生活非常优越、科技非常发达的时代，城市迷失了方向，人性迷失了方向。

我们突然不知道如何营造城市，忘却了城市的法则与美德，忘却了城市就是解决人们更好地生存的目的。人性放弃了真善美的原则，放弃了追求与信仰，更多地为了金钱、名利而苟活。人们甘心成为金钱、名利的奴隶，不知疲倦、任劳任怨地工作，不顾及心灵的创伤，不顾及精神的脆弱与迷茫，不顾及情感的交流与感受，不顾及生命的真正意义。

没有了秩序与风格的城市，没有人性美德的城市，应该不是城市了。

　　　　　　　　　　　　　　　　扭曲的人性与荒诞的城市

逝去的城市

1. 老北京

我曾经对老北京城的范围图形产生过浓厚的兴趣，城市为什么是方的，而不是圆的？城市图形内部的肌理结构也是均匀密布的方形网格，而不是其他的形态。皇宫是方形围合的，四合院也是方形围合的。皇宫是高大的，色彩是绚丽多彩的，而四合院是低矮的，色彩是单一的。

方形的图形，方形的网格肌理，使得城市看起来是那么有模有样，井然有序。皇宫的方形围合，四合院的方形围合，一方面是服从了城市图形、网格的关系，另一方面确立了建筑完美无缺的界面，有了领域的范畴。当然我分析还有其他的原因，那就是建筑的安全性、私密性，还有生活习惯、气候特征的因素。皇宫是高大的、多彩的，四合院是低矮的、色彩单一的，形成了皇家建筑与普通建筑的强烈对比，但由于图形、网格、建筑形态的呼应，使得皇家建筑与普通建筑之间有某种默契。

我们还会看到，在北京的老城中有一条明显的南北中轴线，使得城市的布局东西对称，中轴线上布局重要的皇城，皇城中的大殿沿中轴线由南到北依次排列，与东西左右两厢的配房组成几个超大尺度的院落，大殿、大院形成多个空间层次。四合院围绕皇城也对称布局，一般由东至西或由西至东整齐排列着，形成东西方向的胡同。在老城中还设置了许多具有层次感的景观绿化体系，如大片的广场、水面、园林绿化，皇宫、四合院庭院中的绿化，增加了城市与自然的亲密关系，使得城市具有生命力的活力。

意大利著名旅行家马可·波罗曾赞誉北京的宫殿："殿堂大的可以容纳六千人。你看它拥有那么多的房屋，你一定感到惊异。宫殿建筑是如此宏大，如此丰富，又如此美丽。世界上再没人能设计出比它更美的建筑了。屋顶表面也是五彩缤纷，朱红、黄、绿、蓝等各种颜色，与彩釉精妙地融为一体，玲珑光灿如水晶，整个宫院罩在一片金辉之中"。

中国著名作家冰心在《北平之恋》中写道："北京的四合院看起来似乎简单，其实很复杂。房子里还有套房，大院子还有小院子，小院的后面还有花园，比较讲究的院子里有假山、有回廊、有奇花异木，再加上几套古色古香的家具，点缀客厅里，特别幽静、古雅，十分清静、舒服的居住生活。"

老北京城成为独树一帜的城市典范，是世界上不可多得的城市文化遗产。

然而，我们看看现在的北京，老北京城的图形已经模糊不清，城市的网格系统支离破碎，一些古老的痕迹已经荡然无存。老城墙没有了，许多的四合院、胡同不见了，城市的主流风格已经不存在，老北京城的模样已经残缺不全，我们对老北京城的记忆已经成为影像与图片。

由于历史的原因，我们很难追究老北京城变成现在这样究竟是谁的错。

为了挽救和保护北京历史的遗存，北京市政府制订了《北京旧城25片历史文化区保护规定》，确定了北京历史文化区的范围，25片中14片在旧皇城内，其他在旧皇城外的内城，保护区总计占地1038公顷，占旧城的17%，这就是说曾经的老北京城所剩无几。

我们发现25片中的内容，确实是有历史价值的地带，故宫、天坛等重要的地带的保护是不言而喻的，其现状的风貌比较完整，范围的界定也比较明确，但许多地方历史保护区的界定，是非常模糊的，范围是莫名其妙的，是局部的而不是整体的。从中我们还发现一个问题，那就是许多保护区的认定除了历史价值外，更多的标准就是根据现状，比如前门地区就是根据现状，由于保护区的周围现状，存在着数不清的利害关系，造成保护区的边界图形非常难堪。所有的保护片区都割据一方，之间已没有任何有效的联系像博物馆的展品一样孤零零的。

我们很庆幸，老北京城还有所保留，虽然是只言片语，但我们对历史终究有所交代。我们发现对城市历史遗迹的保护总是以片说事，而且每片彼此之间都是孤立的。我们很纳闷为什么城市的保护不是整体的，而保护片区的制定是根据什么呢？

北京的四合院、胡同正在减少，北京原有胡同3665条，现在据说还有1300条，北京曾因"有名胡同三百六，无名胡同多如毛"而自豪。

中国的城市曾经经历过最辉煌的时代，北京古城、西安古城、南京古城、开封古城、洛阳古城等，至今闪耀着城市独特的创造力与文化艺术的魅力，成为世界城市建设的里程碑。这些城市同时展现着精彩绝伦的品质与人文文化，成为中国几千年文化从汉文化、唐文化、宋文化、明文化等逐步发展、繁荣昌盛的真实写照，我们因有这样美丽的城市而感到骄傲与自豪。中国除了近一百年，在世界上一直是强大的国家，有着独特完整的文化与城市体系，甚至影响到近邻的日本、朝鲜等亚洲国家，中国曾经是世界公认的经济发达、民族文化繁荣的国家。但是中华民族文化、中国城市文化在近一百年的历史发展中完全中断与消失，是谁摧毁了我们几千年的城市文明与人文生活品质，我们说不清楚，我们只有痛定思痛。

北京古城的图形是方形的，很完整，网格是方的，非常突出的一个大网格布置宫殿，周围是许多很均匀的小网格，布置四合院，建筑的布局与风格是统一的。宫殿与四合院形成独特的肌理风格。

世界上许多著名的城市都有清晰的结构与图形，就是说城市很有规划意图，具有鲜明的城市风格，让我们对城市的特色过目不忘。

2. 老上海

北京是中国传统城市风貌的代表，上海的城市风格则是中国城市西洋化的代表。两座城市代表着中国城市的不同历史阶段，具有鲜明的对比。上海的历史不算久远，只是近百年的事，但是上海却以令人惊叹的速度发展起来，并别具城市文化特色，上海的城市风格也形成了人们难以忘记的特征，我们所说的城市风格当然也是多少年以前的上海，如今上海的城市风格变得模糊不清。

上海是20世纪二三十年代崛起的，城市的风格明显带有中国特殊年代的租借地城市的色彩，人们对上海的印象就是一幅西洋景，十里洋场。万国博览会似的外滩，南京路、淮海路繁华的商业街，石库门等地带具有地域特色的街坊、里弄中的排屋、花园洋房，上海的城市风格几乎与中国文化没有任何关系，当然这里的生活习俗还是中国式的，只不过有一些西洋化的内容掺杂其中，但人们喜欢上海，接受了上海，人们认定了上海就是这样的城市风格，上海以此为荣，上海从此也走向了世界，上海产生了特殊的影响力，上海成为中国举足轻重的城市。

作家张爱玲笔下的上海弄堂是这样的：上海的弄堂石库门房子，往往屋顶斜披着灰红瓦片，高高的青红砖墙中嵌着两扇黑漆漆的铜环大门，一条弄堂里头，联排户挨户会有好几个门洞子，比较大的弄堂就会有好几排这样的石库门小衖……进了黑漆漆的铜环大门后，一脚踏进的首先是一个一丈见方的铺着青砖或者水门汀的露天空间，上海人将这里叫作"天井"，颇为形象，因为抬头便是高墙之上的一方青天。迎面六扇或八扇排门里头的屋子叫作"客堂间"，旁边的屋子按着朝向，叫作"东厢房"与"西厢房"。

张爱玲笔下的弄堂，描绘得非常清晰，风格布局都很详尽。上海的弄堂显然与北京的胡同四合院有很大的区别，上海的弄堂里有楼，北京的胡同里只是一层楼的院子，弄堂里的建筑具有中西合璧的风格，胡同里的四合院是中国的。弄堂代表了上海的文化，胡同表达了北京的文化，城市各具特色的风格，让人们记住了北京、上海。人们从此对北京、上海有了一种特殊的文化情结。

上海的排屋、里弄在减少，上海曾有里弄九千多处，里弄住宅占城市居住面积65%，上海的弄堂正在消失，还有三千多条。

如果我们把上海的城市风格定位于浦西地带，城市的图形、网格，甚至建筑空间走向，是因黄浦江而形成的，既有自然的味道，又有人工雕琢的痕迹。我们会发现浦西是以西洋建筑、花园洋房、里弄为代表的城市风格，不仅建筑风格相近。城市的网格系统也是均匀的，并因由黄浦江的存在，呈现优美流畅的曲线变化，像一曲流动的音乐，同时具有天人合一的美景。

但是由于城市的发展，浦西的一些里弄、花园洋房没有了，城市的网格系统肌理也发生了变化，还出现了许多高楼大厦，形态各异，风格各异，我们走在南京路、延安路、淮海路、石库门等地带，发现十里洋场的老上海，有些变味，许多新时代的建筑充斥其中，人们喜欢的、习以为常的风景没有了，外滩似乎保存得很好，但显得是那么孤立与突兀，浦西已失去和谐融融的风格。

我们从外滩向浦东望去，我们会更加吃惊，一些新时代的所谓地标建筑拔地而起，东方明珠、金贸大厦、环球金融中心等十分显赫，互相争奇斗艳，争风吃醋，都要争当城市的主角。但与外滩的建筑比起来，显得苍白无力，孤立无援，没有集体的厚重感，没有凝聚力，没有整体的光辉与伟大。浦东与浦西的风格格格不入，浦西代表了上海沧桑的历史，浦东似乎代表着上海的现代与未来。我们无论想尽什么办法，发现浦东与浦西在城市规划上、风格上没有任何关系，完全是独立的区域，就是新近建成的世纪大道，更令人匪夷所思，不知指向何方，不知由何而来，又到哪里去。浦东在城市规划中与原有的城市、自然景观没有任何关系，浦东与上海没有任何关系。人们更喜欢外滩胜于浦东，外滩永远是上海真正的象征，城市的灵魂所在。

随着时代的发展，北京、上海离我们的记忆越来越遥远，我们与城市的感情产生了一种莫名的距离。我们不知是城市抛弃了我们远离而去，还是我们已经跟不上城市前进的步伐。曾经的城市精神很清晰，印记在我们的脑海之中，流淌在我们的血液之中，我们不论身在何处，永远的与城市在一起。现在的城市精神没有了，我们对城市的记忆是模糊不清的，城市逐步远离我们而去，我们对城市不再有所寄托。

北京、上海曾经吸引无数的专家学者研究、赞叹不已，引无数的文人墨客歌功颂德。但是现在，我们还能对这两座城市说什么呢？什么也说不出，城市曾经的美好只能成为记忆，城市未来的美好我们说不清楚。

逝去的城市

城市现代与历史的角力

城市现代与历史的角力

除了城市新区经济热点的规划，城市规划的重点就是城市传统街区的保护、更新，有尊重历史文化的意愿，同时想要这些历史街区焕发活力，具有划时代的经济效益。下面我们看看北京的历史街区，在实际设计时遇到的问题。

北京在人们的心目中是一座神奇而美丽的城市，是世界上独一无二的城市，我们曾因有这样的城市而感到荣耀与自豪。北京的风格、北京人的生活、北京人的语言、北京的风味小吃、北京的宫殿与皇家园林、北京的四合院与胡同、燕京八景等，散发着独特迷人的芳香。有多少人魂系梦绕，到北京一趟，看上一眼北京的风光，品尝一下北京的小吃。

由于职业的缘故，我们有机会参加了前门大街东片的设计工作，主要的工作方向是调查这些地区的现状，并根据调查的结果进行实际的设计，然后如实地向有关部门汇报，然后根据各方面的结论进行保护和修缮设计。

这里几乎整片都是老北京四合院的风格，著名的胡同：兴隆街、打磨厂、草厂十条、长巷、冰窖口等都聚在这里。兴隆街是清朝和民国时最繁华的商业街之一，向西延伸是著名的鲜鱼口胡同。打磨厂胡同过去是加工、买卖石材的地方；草厂胡同是过去军队囤积粮草的地方；长巷胡同从字面上表示比较长的胡同；冰窖口胡同靠近过去的老城门，是冰冻存放东西的地方，北京好几个地方都有。

这些胡同组成了很有意思的空间肌理，非同一般，令我们很惊讶。这里的胡同呈曲线形，从整个片区来看，它们似乎旋转起来，形成漩涡状的图形。我们知道北京大部分的胡同都是东西南北呈直线状，组成如棋盘般的格子，非常均匀有序，而这里的胡同匪人所思，难道有什么奥妙玄机吗？这是非常有趣的现象。

胡同，我们都大概有些了解，并知道一些胡同里的故事，光看表面似乎是件很容易的事，让我们犯难的是进入四合院，进行挨家挨户的探访。

我们的工作首先是确立一条胡同，然后按门牌号注意考察每个四合院，我们先拍照留下四合院的门牌号，有的门牌号旁有重点保护的牌子，我们要格外重视。我们还要拍一下四合院的外观，局部的细节，然后进入到四合院。

有的四合院干净整洁，保护得非常好，有的院落破旧不堪，甚至岌岌可危，卫生条件也差，还有一些私搭乱建的房子，使院落很乱并拥挤不堪，有的地方人都过不去，极为恶劣的生存环境，让人人感叹它们未来的命运。

我们要不断地应付院落的主人们，他们会问很多问题，核心的问题是我们为什么考察，有的人很诡秘的问是不是要拆迁，我们必须谨慎地回答，以免招惹是非。

院落质量好的人很自豪，不停地夸赞四合院，甚至引经据典，诉说着四合院的历史。他们表示自己的四合院绝不能拆，愿意在这里生活。质量差的四合院，人们的态度有所羞愧，但他们希望有足够的拆迁费才搬走。我们并没有说拆迁的事，但所有的人似乎先知先觉，直奔主题。

实际调查，我们花了很多时间，历时一年左右，冒着酷暑严寒，这是一项烦琐的工作。在调查工作中，我们欣赏到许多四合院与胡同构成的美景，通过休息时与胡同中的人们聊天，知道了许多老北京的人文轶事。

我们经常碰到旅游的行者，本地人、外地人，还有许多老外，他们陶醉于胡同古色古香的景致。我们还会碰到一些摄影、绘画的人，在记录着胡同美妙的时刻。我们很喜欢他们，因为他们记录着历史的现实，为以后留下了珍贵的记忆。不是工作的缘故，相信我们很少有机会，这么近距离地、非常详实地亲近、了解四合院与胡同。

因为工作让我们体会了多少人无法感触的东西，在我的印象中，这些四合院与胡同，也许是北京古城保留的最后一片净土。因为各种原因我们曾忽略了这里许多年，现在因为保护或者经济的缘故，这里忽然间显得重要与醒目，通过实地的调查，我们发现现实不容乐观。

由于长期生活在北京，我在北京有许多亲朋好友，我们不免聊起现在的北京，当然我也会与左邻右舍，甚至不认识的人聊起北京。人们普遍地认为，大多数人感到不认识现代的北京了，人们不知道现代的北京规模有多大，不知道北京的风格在哪里，虽然我们还在强调古都北京，但老北京的风格正在消退，北京城的风格完全被时尚前卫所左右，老北京展现在我们面前的风貌已不完整。

过去我们可能对古城墙、城门楼子的处理不够恰当，现在我们对古城的内部修缮也不够恰当，除了我们认为重要的存在，大部分成为被清理的对象，东单、西单、白塔寺、地安门等，由于现代城市建设的需要，皇城的前后左右不断拆建，也斩断了皇城与周围的一切联系，皇城、天坛后海、景山、地安门或前门大街等，成为现代城市中的一片片孤岛，或历史的缩影，老北京城的构架因此而打破或不复存在。我们已搞不清古城的面貌了，在混杂的古城内我们搞不清谁是谁非，硕大的北京城昔日辉煌难以再展现在我们面前。我们有理由憎恨现代主义吗？我们有理由憎恨现代的城市吗？不知为什么城市总是对老城、历史街区作文章，我们只能说过去的一切不在了，我们还陶醉于对过去的思念之中，怀旧也许是被现代所唾弃的，但我们就是想念那四合院、胡同的生活趣味，况且新的城市理念的建立，何必要摧毁过去才能成立吗?尤其新的理念如考虑得不完善，会造成城市的不伦不类，甚至不如过去的城市更完整更有魅力。我们为什么不保存世界都承认并喜欢的北京风格呢? 现代城市的一些举动，表面上是在关爱城市，促进城市进步，实际上已伤害了城市，我们的城市也许在庆幸得到了许多实惠，得到的利益远远大于失去的。我们认为从长远的意义来看未必如此，我们拭目以待。城市为什么对历史的一切爱作文章，或乱作文章，就不能让他们平静地存在，让我们城市的历史光芒还在。现代的城市过于看重局部的利益，或者说我们只是片面地看问题，完全忽略了整体的状态。我们的热情与行动缺乏思考的审慎。

北京是世界上最大的皇城，达到不怒而自威的境界，奇思妙想的宫殿，富有妙趣味横生的四合院，令人有叹为观止、乐不思蜀之感受。这是中国城市文明与智慧的结晶，世界人类文化遗产的卓越成就。

通过调查，我们更加对北京传统建筑风格有了新的认识，这种认识不只是形式上的，而更加需要研究的是许多深层次的内涵，在我们的设计中什么是必须遵守的，不可回避的，什么又是我们面临的困难，这将对最终的实施产生重要的影响。

建筑质量与风格是我们保护四合院的重要标准，在这方面政府也有一些规定，许多四合院由于年久失修的缘故，自身的寿命已岌岌可危，我们是遵循建筑的原真性进行复建，还是在新的设计体系中进行调整，有一些四合院质量风貌保存得相对完好，但有建筑年限的问题，必须制定出有效的保护措施，更重要的是将来有什么人使用和管理，保护的费用由谁承担。这些得到保护的四合院与新建四合院的相互关系如何把握。

对于胡同的保留，大家似乎没有异议，但需要规定哪些胡同是步行的哪些是车行的，胡同的数量与形态尽量不作调整，但在宽度上要有些微调，主要是针对有车行功能的胡同。

纸上谈兵总是好办的，但在实施的过程中还将遇到很大的困难，四合院的产权归属，是大量居民迁走还是先在别处安置，被保留的建筑周围如何进行施工，汽车的停放问题，胡同是解决不了停车问题的。还有一些建筑是某个特定时间建设的，它们的风格，尤其是高度与四合院是极不协调的，它们混杂于四合院族群中，非常醒目而鹤立鸡群，但它们的建筑质量很好，拆了非常可惜，但它们的存在破坏了某种秩序。

还有一个现象很突出，令我们很难堪，那就是保护区范围的划定，在这个范围的边界上有许多匪夷所思的问题，有些边界是通过道路进行划分的，一目了然。有些地方是根据建筑风格的突变进行的，认为从此建筑风格成为分水岭，传统风格于此处偃旗息鼓，似乎可以理解。有些边界却是无厘头的原因划定的，令你寻找不出原因所在。由于我们采取了"一刀切"或混沌不清的划分边界方法，使得保护区出现了奇怪的范围图形，边界可能是参差不齐的，或者大出大进而凹凸不平的，还有一些边缘混沌不清而无法界定的。保护区的图形呈现出怪怪的模样，图形边界甚至有一些很怪异的边界图形存在。这里面有两个很重要的问题，一是与现状利益的冲突，涉及方方面面，二是面对既成事实的一些现状，传统的保护显得很脆弱，总是躲闪避让，让我们有时奇怪是现代重要，还是传统文化重要，因为所有的边界与现代发生矛盾，我们是尊重过去传统文化的完整保护，还是妥协于现代利益的强势。我们会发现许多保护区的周边已被现代建筑所包围，很难彰显其完整的面貌，真的有些委曲求全的味道。我们相信传统的北京街区是风格完整统一的，现在给人印象的是残缺不全的。

综上所述，城市面对传统文化的保护是十分困难的，况且我们长时间的不重视，必然带来许多难以一时解决的问题，但我们还是很欣慰政府决定做这些事情，不惜面临方方面面的压力，人们都在期待这种行为的结果，拭目以待。由于这个保护片区位于北京的核心地带，同时又处于北京古城的中轴线附近，很多人非常关注，尤其媒体在项目还未开始时，就已众说纷纭。

即使将来保护片区的行动取得成功了，我们能够重温北京古老文化的风采，但我们要说的这只是局部的，我们可以看到北京古城范围内的建筑风格，许多地方已被所谓的现代建筑所替代。并占据了近乎主流的地位，我们保护的传统风貌区被它们分割的七零八落，成为一片片不连续的孤岛。

疯狂的建筑

疯狂的建筑

　　最早的人类居住在山洞或地穴之中，后来人们学会了用石头、树木搭建房屋，这时的房屋只有遮风避雨、安身立命之用途，这是人类最早的建筑活动。

　　人们慢慢地不满足房屋只有简单的使用功能，开始注重房屋建造的安全与美观。在安全方面，人们认真地研究构建房屋合理的技术方法，逐步形成了规范的房屋建设体系，大家都来这么做。在美观方面，人们开始研究房屋的形式，比如屋顶、檐口、墙身、门窗等应该保持怎样的比例关系，房屋是美的。人们同时还想到了对房屋进行装饰，使得房屋看起来更加美观。装饰是建筑可有可无的部分，但是通过装饰，建筑传递了人们文化、情感、精神崇尚的一些内容，同时人们开始讲究建筑的色彩、材料的质感、凹凸变化，并在建筑上运用了雕刻、绘画的手法，房屋看起来很精细，并具有了艺术之美，这时的房屋我们可以称之为建筑了。

　　由于早期的人们，信息、交流的程度不足，建筑基本上呈现地域的特征。如中国的古典建筑，欧洲、美洲的古典建筑。古典建筑的发展是漫长的，经过了人们长期的研究、实践的过程，少则几百年，多则几千年，逐步走向非常成熟、完美的境界。这时的建筑我们称之为传统建筑，建筑达到的技术、艺术水平，至今令我们叹为观止。

19世纪末20世纪初，出现了现代主义建筑。现代建筑对传统建筑几乎进行了全方位的颠覆，以一种全新的面目展现在人们的面前，产生了巨大的轰动效应，令人们十分地震惊。人们开始是以怀疑与批判的态度对待现代建筑，甚至认为是大逆不道，随着时间的推移，慢慢地人们开始接受并欣赏现代建筑。

现代主义建筑最著名的理论是建筑师密斯的"少就是多"，还有建筑师路斯（Adolf Loos）的"装饰就是罪恶"。现代建筑的特点是简洁明快的几何形体，没有复杂的造型与装饰，我们经常称之为火柴盒、方盒子。现代建筑基本上是理性的，适当地尊重城市规划，讲究建筑的秩序与风格，尊重建筑的使用功能。现代建筑比较传统建筑最大的贡献是在技术上解决了建筑的高度、跨度的技术难度，并开放了建筑空间使用的灵活性。

1966年，建筑师文丘里在他的著作《建筑的复杂性与矛盾性》中提出了与现代建筑截然相反的论调，这也就是后现代主义，或是现代主义之后。后现代主义的特征是：采用装饰；具有象征性与隐喻性；与现有环境融合。后现代主义开始使得建筑更加重视装饰与形式的复杂化，建筑形式更像是传统与现代片段的堆砌与拼凑，建筑整体出现了各种建筑语言的大杂烩。后现代主义建筑的代表作品是美国电报电话大楼。

不论是传统建筑，还是现代建筑，或者后现代主义建筑，基本上是建立在理性的范畴，符合建筑使用与美观的原则，让我们还能够理解建筑，甚至欣赏建筑。

后现代主义之后，20世纪80年代，出现了解构主义建筑。以美国建筑师彼得·埃森曼为代表的解构主义，主张建筑要排除个人与文化的因素，建筑形式只是一套符号，拒绝建筑的传统把社会系统对某一状态（包括形与意）先觉性的肯定并固化其主导地位，有意地把建筑做成碎片式语汇。解构主义建筑的代表作是美国建筑师弗兰克·盖里的西班牙毕尔巴鄂古根海姆博物馆，路人皆知。该建筑的造型是由许多扭转的、升腾的、破碎的、断裂的不规则曲面形体组成，达到了不同凡响的视觉效果。由于建筑不存在明显的逻辑关系，以至于我们不能用正常的眼光去欣赏，用标准的建筑语汇去描述，我们得到的只是视觉的愉悦与心灵的震撼。

解构主义建筑与后现代建筑的相同之处，是有意地将建筑变得复杂，使得建筑变得丰富多样化。解构主义建筑与后现代建筑的不同之处，解构主义有意地将建筑形体肢解、破碎为几部分，而后现代主义是多种建筑语言的组合与装饰。解构主义建筑的形式与功能可能是无关联的，而后现代主义建筑遵循建筑形式与功能的关系。

解构主义建筑的出现，使得建筑本身充满了不确定性，使得建筑有了无限可能的遐想与主观臆断，建筑的结果变得扑朔迷离，颠覆了正常的建筑体系。

解构主义之后，出现了以库哈斯、哈迪德领衔的另一种建筑形态。当然也有的人把库哈斯、哈迪德仍然归类于解构主义流派，认为他们的建筑风格，在某种程度上，与解构主义有异曲同工之处。其实他们的建筑风格与解构主义有本质的区别。解构主义是有意地将建筑肢解、破碎，而他们只是将正常的建筑形体进行变形，如将正常的立方体建筑进行扭曲、切削，或者将圆形的建筑揉捏成不规则的曲面，他们的建筑设计手法更像是雕塑。从库哈斯设计的美国西雅图公共图书馆、中国北京央视新址大楼，哈迪德设计的广州歌剧院、北京银河SOHU，我们可见一斑。

库哈斯同时在理论上对建筑进行了全新的定义与解释，认为今天城市变化的真正力量在于资本流动，而非职业设计。城市是晚期资本主义产生的无尽重复的结构模块，设计只能以此现实为前提思考并成形，在这个意义上，库哈斯颠覆了传统"场所"的概念。

库哈斯、哈迪德成为目前国际建筑界的领军人物，他们的建筑作品深深影响建筑院校的学生以及实际工作的建筑师，追随与模仿者大有人在，甚至有些建筑师放大、曲解这种风格的建筑。

不论是后现代主义建筑、解构主义建筑，还是库哈斯、哈迪德的建筑，确实给城市带来了新意，成为城市亮丽的风景，而且有的建筑还成为城市的精神象征。

　　但是我们不得不说，后现代主义、解构主义建筑，或者库哈斯、哈迪德的建筑更适合城市一些特定的场合。这就是说，建筑要有一定的环境烘托，而不能自圆其说，或者建筑要与环境完美地融合。如果不这样，建筑的效果将会大打折扣，甚至成为城市中非常不伦不类的怪物，让人感觉不舒服。同时这类所谓有个性的建筑，在城市中不要太多。如果太多了，城市的空间效果非常杂乱无章。

　　现代主义建筑对传统建筑进行了彻底的革命，使得建筑从烦琐的装饰中解脱出来，走向简洁明快的方向。而后现代主义建筑在某种方式上又回归了传统，重新定义了文化情感与装饰的重要性。解构主义则推翻了后现代主义，甚至否定了现代主义，开辟了不同以往的新的建筑语言。库哈斯、哈迪德似乎总结与思考了解构主义的复杂性，吸取了现代主义的简单性，使得建筑在相对一元化的形体中产生复杂的变化。这种变化不取决于建筑的要求与环境的制约，完全是自我感知的、恰到好处的建筑形态，更多地展示建筑师对建筑造型游刃有余的掌控力。

　　自从现代主义及后来的各种建筑流派出现以后，城市的建筑开始寻求变化与创新。最初的变化来自于对传统建筑进行的简化，如去掉传统建筑的装饰元素符号，或者改变传统建筑屋顶的形式。后来，城市开始完全抛弃了传统建筑的风格，除了对有历史价值以及重要的建筑进行保护以外，如传统城市中的宫殿、市政厅、教堂、清真寺、庙宇等，城市不再需要传统建筑了，传统城市与传统的建筑从此不再发展了。

城市开始追求不同与创新，所谓的不同，就是建筑的风格一定要与传统建筑不同，各建筑之间也要有所不同，强调建筑的变化，变化的差别越大越好。所谓的创新，就是不仅要不同，而且要有新意，最好是人们从没有见过的建筑形式与风格。

城市的建筑形式与风格从此进入了一种非常不确定的状态，随着时代而变，随着建筑的潮流而变。城市变得就像举行盛大的建筑博览会，或者像时装模特走秀的舞台。城市的建筑形式与风格开始没有明显的主流，只有明显的不同与不断地推陈出新。

如今城市的建筑彻底地改变了人们对建筑的认识，使得人们不再坚持根深蒂固的建筑观念，发现建筑并不是永恒不变的，不是按部就班、循规蹈矩的，而是开放自由的。

建筑的进步应该是一件好事，确实我们不喜欢一劳永逸的建筑状态。但是，随着建筑的进步，我们发现建筑变得离奇、玄妙，有一种深不可测的味道，我们读不懂建筑了。不仅非专业的民众搞不懂建筑为什么会这样，而不那样，如何理解与欣赏。就是专业的建筑师也不清楚建筑究竟是怎么回事。现在的城市建筑已经不能用建筑法则去衡量比较，更多展示的是只可意会不可言传的境界，鼓励争奇斗艳的勇气与精神，鼓励大胆的放纵不羁，只要引起关注力与影响力，最好引起争议，惊世骇俗，建筑的目的与效果也就达到了。

于是，我们不难看到，现在的城市成为建筑角逐的战场，建筑不论大小，不论重要与否，不论人们接受与否，都在故作姿态的炫耀，向人们宣告是城市的明星，是城市的标志，是城市的象征。

建筑开始展现无所顾忌、小题大做、无病呻吟的竞争局面，更为严重的是没有理智的约束与情感，更多地表现为形式上的神奇怪异。如果做不到，就在建筑的高度上做文章，去成为城市的第一、国家的第一、洲际的第一、世界的第一。或者放大建筑的规模，在规模上打造建筑的独一无二。或者用金钱堆砌建筑的奢侈华贵，获得最昂贵建筑的"美誉"。或者把建筑象征化，一定要把建筑设计得像什么，比如像人，或者像树木、山峰、船、船帆、钱币、酒瓶等物体。或者把建筑讲成一个故事、一个美丽的传说。还有的建筑追求建筑的表皮肌理效果，有意地将建筑立面做成与建筑毫无关联的图案。

现在的建筑千姿百态，没有明确的语言逻辑，清规戒律。我们已经无法用语言说清楚，无法用文字去描绘，只能是一种感觉或幻觉。建筑变得愈发的让人不可理喻，使得我们不得不惊呼：建筑是什么？建筑还是建筑吗？

由于建筑都在追求标新立异，我们看到的建筑只有个性，没有共性，只有个体的张扬，没有群体的呼应。建筑之间充斥着对立的矛盾，形成了各自为政、自圆其说、孤芳自赏的状态。城市的建筑体系不断地被肢解、破碎，体无完肤，建筑的秩序与风格荡然无存。

我们不反对建筑的创新精神，不评价崇尚个性的建筑是美还是丑。但是我们不得不说，这样的建筑群体所形成的城市，还是城市吗？

由于建筑完全个性化的状态，使得城市表现出语无伦次、含糊不清的状态。我们不知道城市在表达什么，崇尚什么，城市的主题精神在哪里。

从20世纪90年代到21世纪初，中国城市发生了巨大的变化。城市最明显的变化，一是经济的繁荣，人们的物质生活水平明显提高。二是城市形象的改变。城市的经济、生活我们就不说了，主要关注一下城市形象的改变。

中国城市形象的改变，主要缘由城市建筑的改变。建筑的高大密集，建筑无限蔓延的堆砌，建筑的千姿百态，使得城市旧貌换新颜。

中国的城市建筑一直处于相对保守、发展滞后的状态，不仅错过了现代主义建筑的发展最佳阶段。而且后现代主义、解构主义以及世界著名建筑师的建筑风格，也只是听人说过、介绍过，实际见过

疯狂的建筑

的并不多。但是，有谁能够想象，中国的城市建筑有朝一日成为世界最具影响力的明星典范，令世界瞩目。中国的城市建筑，真是不鸣则已、一鸣惊人。

引发中国城市建筑发生颠覆性改变的因素，不是源自中国建筑扪心自问的自我觉醒，而是完全来自外界各种建筑力量的影响与推动。

为什么世界各种建筑力量进入了中国，这是缘由中国城市的开放态度，同时也是因为中国城市全面爆发式的大发展，成为世界最大、最具活力的建筑市场，给世界建筑界带来了千载难逢的机遇。

当然还有推波助澜的因素，那就是北京奥运会、上海世界博览会、广州亚运会在中国举办。

我们看到了世界著名的建筑事务所与建筑师先后来到中国，并逐步引导了中国的建筑发展的方向，从理性、先进、新颖走向疯狂。

最早来中国的建筑设计事务所与建筑师主要是美国的，有代表性的是KPF、SOM建筑事务所。当然台湾、香港的建筑师来得更早，我们主要说国际的。

KPF建筑设计的特点是建筑的立面非常讲究比例、细节，细腻、烦琐，同时把工业化的工艺特色及产品很好地应用到建筑，整个建筑的外观非常精致。KPF成功地进入了中国，并完成了许多著名的建筑，如上海浦西的恒隆广场、浦东的环球金融中心，两座建筑在当时是上海最为高大的，当然现在也不逊色。上海恒隆广场建筑的造型像飞机的尾翼，环球金融中心像一把圆月弯刀。KPF的作品深深影响了中国的建筑创作，一时间中国大地模仿、类似KPF风格的建筑比比皆是，那时的城市建筑风格主要是KPF的。时间长了，不免让人感到有些腻烦。

SOM建筑设计事务所，同样在中国取得了成功。SOM的建筑宗旨是，讲究实用、商业效益，建筑多为综合性的商业、办公建筑，建筑要么高，要么体量大，遵循唯美的传统美学。北京的国际贸易中心、国家工商银行，上海的金茂大厦等。SOM不如KPF出彩惊艳，非常时尚，但SOM的建筑有一种持久的力量，随着时间的久远，它的内涵、美感更显光芒，令人尊敬。SOM对中国建筑创作的影响是潜移默化的，但同样得到许多建筑师的推崇。

这一阶段的建筑是先进、新颖的，但不乏理性的建筑理念。但是随着各路建筑事务所与建筑师不断地进入中国，尤其欧洲的建筑事务所与建筑师的到来，终于在中国掀起了令人匪夷所思、近似疯狂的建筑风暴，有人说中国城市成为了建筑实验场。

我们下面列举一下，中国城市发生的主要建筑事件，看看中国城市建筑的非凡之路。

从1998年7月开始，北京国家大剧院建筑设计方案开始了国际招标，经过两年多轮次的方案竞赛，最终选定法国建筑师保罗·安德鲁的ADP建筑设计事务所的设计方案。

国家大剧院的建筑设计方案一经向社会公布，立即引起了社会广泛的关注，并引发了巨大的争议。人们关注国家大剧院的事情，一方面是因为国家大剧院的影响力，另一方面是因为人们发现最终的方案是一个大"蛋"（普通的民众这样称呼），为什么会是这样的一个造型，令人们十分的惊讶，并产生了浓厚的兴趣。在此之前中国人没有见过这样的建筑，建筑是方形的，怎么会是这个模样？坊间对此说什么的都有。对国家大剧院最激烈的争议来自建筑学术界，人们把它批判得几乎是体无完肤。

无论人们说什么，喜欢不喜欢，2006年国家大剧院建成了。开始它的造型刺眼夺目，与周围的环境格格不入，令人有些难以接受。但是，随着时间的推移，人们开始接受并喜欢它了，成为北京很著名的景点。

国家大剧院多轮次的建筑方案我都看了，客观地说，安德鲁的建筑方案是最好的，非常的简洁纯净，有特色。但是，我要说的是，国家大剧院的造型看起来是理性的、平和的，有严谨的逻辑关系。但是，它的造型对建筑的使用功能来讲是极其不合理的，而且施工的技术难度相当大，建筑的造价极高。大剧院施工的过程中我去过现场，有幸地登上了建筑曲面屋顶的最高处，看到曲面屋顶是光滑而巨大的，同时我又向中南海瞭望了一下，听说建成以后，决不允许人们上来了。建筑的造型不想多说,进入到建筑的内部,我发现建筑的空间利用率非常的低,尽是些无法使用的空荡荡的大空间,建筑的形式与内部的空间使用有很多矛盾之处,建筑设备的布局及管线的走向相当的困难,建筑的照明、空调的送风很不容易,建筑的自然通风、采光根本无法实现。建筑的外形采用钛铝合金的金属,据施工单位珠海晶艺公司介绍,由于建筑曲面的变化没有规律,每块金属板的尺寸都是不一样的,施工的难度相当大。

看过国家大剧院的内部与外部后,我感到这是一个充满矛盾、造价昂贵的建筑,建筑为什么会是这样!彻底颠覆了我曾经接受的建筑学教育,建筑要从形式上服从功能的需求,否定了我工作以后前辈们的谆谆教诲,建筑要经济、实用、美观的原则。

国家大剧院的建筑造型也是令人我多少有些吃惊,完全打破了常见的方方正正的建筑造型。让我们看到了建筑不同寻常的一面,建筑造型原来没有一定之规,可以自由自在的想象。

我们不知道国家大剧院最后为什么确定为如此造型的建筑,这似乎不太符合中国一贯中庸色彩的传统,有些出人意料。这只能说明,中国那时候开始变得包容、开放,有着创新进取的强烈愿望,国家大剧院建筑正好是时代的写照。

不论大剧院怎么样,在社会上产生了巨大的轰动效应,尤其建筑界的反响更大。一部分建筑师对大剧院采取怀疑、指责、批判的态度。这有几个方面的原因，一是认为大剧院的造型与环境不协调；二是认为大剧院的造价过高；三是羡慕嫉妒恨；还有另一种态度，那就是一部分建筑师表示赞许，并以实际行动支持效仿国家大剧院。于是，我们看到，国家大剧院之后，中国出现了许多与大剧院类似的建筑。

而我认为，从客观的角度上看，国家大剧院建筑可能不是最好的结果。但是，有时存在就是道理，我们说不清楚，无法抗拒，埃及金字塔、巴黎埃菲尔铁塔、悉尼歌剧院、北京故宫等的存在是有道理可言的吗？

我不得不说的是，从大剧院开始，也许给中国建筑带来了创新的意义，也许是中国建筑走向非理性或疯狂的开始。

国家大剧院之后，由于北京奥运会的申办成功。2002年到2003年中国开始了由奥运建筑领衔的城市建设，城市建设出现了高潮。城市中不断地出现令人震惊、不可理喻的建筑，引起中国社会各界一片哗然与关注，甚至影响了世界。中国建筑从此开始了肆无忌惮的革命化时代，与城市的过去彻底的决裂。

随着北京的央视新址大楼、鸟巢、水立方、广州电视塔、广州歌剧院等建筑的不断落成，人们似乎看到了中国建筑真正的发展方向。于是各种抄袭模仿、费尽心机的建筑不断地出现在各个城市，人们已经不关心建筑的使用、造价、审美的需求，更多地追求建筑的标新立异，刺激、吸引人们的眼球，以此达到建筑的标志性影响力，提升城市的地位。

在央视新址建筑投标的前期，通过马清运先生的引荐，有幸认识了世界建筑界如雷贯耳的库哈斯先生。他们找我的目的，一方面因为同行熟悉，另一方面是因为我从事广播电视建筑的设计经验，以求对库哈斯有所帮助。

面对世界级的建筑师，我更多的是尊敬，希望库哈斯取得成功，让他的建筑作品能够在中国诞生，谈不上对他有什么帮助。

库哈斯的央视新址方案我第一时间看到了，而且是在投标前。库哈斯问我方案的感觉如何，我说只有惊讶、震撼。

后来大家都看到了央视新址的方案，确实引起了中国各方面的轰动与关注。一方面因为央视的知名度、影响力，一方面是因为库哈斯的方案确实令人耳目一新。

我不想评论人们如何看库哈斯，只是把自己对央视新址建筑方案的体会略表一二。从我们对建筑的理解，绝对想象不出这样的建筑方案，不论成功与否，时间会作出判断。我要说的是，央视新址的选址非常不合适，周围的环境过于狭窄、密集，使得建筑用地非常的紧张局促，并没有宽阔的视野欣赏建筑。这给建筑师的创作带来了极大的困惑与难度，投标的所有方案我看过了，说心里话，我认为库哈斯的方案解决场地的问题最好，同时创新性地解决了建筑的交通流线问题，解决了央视的个性魅力如何展示。但是正是由于场地的问题，建筑过于密集、堆砌，同时追求建筑的形体变化，建筑功能的使用不是很合理，而且造价十分的昂贵。我还想说的是，建筑的造型让我感到非常的疯狂，几乎是在理性技术范畴很难实现的疯狂。听一个负责此建筑施工的校友介绍，建筑的大悬挑连接，曾经让他们一筹莫展，经过许多专家的技术认定、签字画押，他们才敢施工。现在央视新址建筑已经傲然矗立在我们面前，并投入使用。

我们不想过多地评论央视新址建筑如何定论。但是我们要说的，这个建筑的影响力太大了，几乎影响了中国建筑师的许多人，不分时间、地点、建筑的地位，都在模仿，并且曲意地理解，使得城市的建筑从此不得安宁、不得要领，开始了建筑混乱的时代。

央视新址建筑之后，鸟巢、水立方闪亮登场。水立方我不想说得太多，除了脆弱的形式表皮外，真不是建筑，更像是"温室大棚"。鸟巢建筑，让我们眼前一亮，很新鲜，但是看久了，我们不得不说，建筑造型设计非常烦琐，所有的表皮结构形式笨重，过多而密，而且没有什么结构逻辑的需求，造价同样也很高。更严重的问题是，自从鸟巢建筑出现以后，我们发现建筑师除了不理会建筑的功能以外，建筑的形式也不做了，只是研究、演绎建筑的表皮。一时间城市中到处充斥着犹如服装、工艺品的建筑。如果有建筑的需求也好，或者是建筑文化的隐喻，什么都没有，完全是建筑表皮的炫耀，许多建筑师以此为荣，大言不惭，探索了建筑的一条新思路，自命为实践、前卫的都有。通过鸟巢，一些建筑师还学会了有意地将建筑的窗户变来变去，大小不等，或者错位，使得建筑活跃变化，有的居然成名、获奖。当然建筑师们追求个性创新，无可厚非，但是我们发现，他们过多地关注自己，自鸣得意，很少关注城市，关注城市是不是被他们搞得语无伦次。

还有一座建筑我们不得不说，这就是北京东二环的银河SOHO建筑，这是扎哈·哈迪德设计的。哈迪德是出类拔萃的女建筑师，因此得到更多人的关注。据我们对她的了解，她最早与库哈斯合作过，以前的建筑作品，是很粗犷的立方体建筑，具有虚实对比很强烈的雕塑感。但是近一些年，它的建筑作品趋向曲线或曲面体的揉捏造型，屡试成功，许多国家都有她这样的佳作。我们为什么说银河SOHO这座建筑呢？因为这座建筑大胆地矗立在北京古城的二环内，对已经遭到破坏的北京旧城文化进行了更加公然的决裂与挑衅，而且与现有建筑更加大胆地保持不协调，完全鹤立鸡群地突出自己，我们不知是开发商有意而为之，还是建筑师的真情表白。

我们总在想，越是大牌的建筑师，应该尊重城市、尊重文化。即使北京的文化已经被搞得面目全非，不知何物；但是我们希望大牌建筑师尊重城市，起一个好的带头作用。但是我们失望了，这些年不仅中国的建筑师不尊重城市，更多的外国建筑师，尤其是著名建筑师，更是根本不理会城市秩序、文化的存在。这不，哈迪德又在北京望京设计了类似的一座建筑，同样有与周边环境格格不入的味道。我们好像忽然领悟，这些令人尊敬的世界著名建筑师告诉我们，建筑进入了一个什么也不需要考虑的时代，一切可以视而不见，只要建筑师自己高兴就行了，只要自己认为建筑是"创新了"、"艺术了"就行，只要有人欢呼、喝彩就是成功。普通的民众现在已经不知道建筑是怎么回事了，不知道建筑在表达什么，如何评价，如何欣赏，建筑在他们眼中变得玄妙、深不可测、不可思议。

可叹的是，人们永远仰慕大师，追逐名利。大师的身后不乏数目众多的追随者，这些追随的建筑师，不以为耻，反以为荣，四处炫耀，夸夸其谈。这些年，许多重要的建筑项目投标，我们不用看，就知道结果，一定是想入非非、不可思议的建筑中标，而且一定搞得满城风雨，沸沸扬扬。

我们的城市在众目睽睽之下，乱了。这种混乱的根源是建筑，罪魁祸首是建筑师。城市中满眼都是令人刺激、兴奋，从而引起浮躁不安的建筑，让人们的心情极度不安，难以恢复理性的平静。我们为什么不冷静的思考，现在的城市还是城市吗？现在的建筑更像是展品，更如时尚一般很快的悄然过季，最终我们不喜欢这样的局面。我们也许更喜欢有深度感、文化感的建筑，可以品味，可以从中得到修行。建筑师们应该感到脸红，你对得起城市吗？城市被搞得体无完肤。你对得起子孙后代吗？他们真正能学习、继承什么城市财富。

我们看看建筑，一个接一个的疯狂，如果他们在一起，让我们看到了建筑荒唐的闹剧。在上海的浦东，我们会看到，上海的东方明珠、金茂大厦、环球金融中心、上海中心，一个比一个高，肆无忌惮地挤在一起，好不风光。殊不知它们弱化了彼此的光芒，而且让人们的视觉混乱，无法分辨。真不如悉尼的歌剧院、巴黎的埃菲尔铁塔、北京的天坛等，让人看得清晰夺目，更具城市象征的标志性。

我们知道，由于某些原因，城市内部，城市之间的建筑一直在明争暗斗。让人兴奋不已、叹为观止。

城市进行建筑高度第一的比拼，在中国的上海——浦东陆家嘴，先是东方明珠，接着金茂大厦、环球金融中心、上海中心，创造着一个个建筑高度的奇迹，令人惊叹不已。其他的城市不甘于后，广州电视塔的建成又成为中国的第一高度，浦东的建筑高度黯然失色。迪拜塔的建成，使它又超过广州电视塔成为世界第一。

但凡拥有经济实力的城市，都在建筑高度上为达到世界第一而奋争，以此达到城市的荣耀。中国的上海、台湾，美国的纽约、芝加哥，日本的东京，马来西亚的吉隆坡等等不断创造世界第一高度建筑的神话。以前世界最高建筑排名，第一名台北101大楼，101层509米，第二三名马来西亚首都吉隆坡的双子塔，88层452米，第四名美国芝加哥的西尔斯大厦，108层442米，第五名上海金茂大厦，88

层421米……随着广州塔、迪拜塔、科威特千米摩天大楼的建筑的落成，世界建筑高度的排名还在不断被刷新。

城市在追求体形庞大、规模巨大的建筑。过去我们心目中的建筑，也就几百、几千、几万平方米的规模，上万平方米的建筑，已经很大。现在的城市建筑，几万、几十万平方米的建筑，已经见怪不怪，甚至有上百万平方米的建筑综合体，在这样规模体量的建筑中徜徉，我们真感到建筑的气魄。

城市建筑的另一表现，就是追求建筑稀奇古怪的形式、表皮，达到匪夷所思的效果。为了追求建筑的标新立异，放弃了建筑的合理使用功能，不考虑建筑的造价，不考虑与环境的和谐，不在乎人们的审美情趣与感受，不在乎垃圾糟粕，建筑奇形怪状疯狂到无所顾忌的地步。我们不难看到全国各地都在建设大剧院、广电中心、文化中心、博物馆等等，成为建筑追求形式、表皮奇特的实验品。世界范围内，忽然放弃了理性的建筑态度，追求建筑的形式，胜过建筑的使用、造价，如英国伦敦的30街玛丽·爱知"小黄瓜"大厦、美国纽约新当代艺术博物馆、中国台北的101大厦、瑞典马尔默市的扭转大厦、美国旧金山笛洋美术馆、中国北京的央视新址大楼、西班牙毕尔巴鄂博物馆等等。城市在追求着新奇，追求着城市新的精神，产生了惊世骇俗的效果。

城市在建设奢侈与豪华的建筑，同样达到世界叹为观止的效果。迪拜的帆船酒店成为世界上最豪华、最高、最贵的七星级酒店，北京的央视新址大楼更以其奇特造型，昂贵的造价而闻名遐迩。

我们感受到城市不断地欢呼而雀跃，感受到不断有惊人的建筑奇迹发生。我们同时又有些困惑茫然，城市的这些举动，有真正的意义吗？

鸟巢、水立方的事，我们知道，路人皆知。因为2008年的北京奥运会，鸟巢、水立方这两座建筑应运而生。

我曾经写了一篇有关库哈斯的文章，互联网上转载很多，不知读者看后，有何想法。

下面我把《中国建设报》采访我的报道，"我眼中的库哈斯"摘录于下：

关于中央电视台新址选择哪个方案的争论已经尘埃落定，在北京CBD的核心地带，那扭曲而张扬的新中央电视台主楼几年后将肯定会继续成为人们争论不休的谈资，而建筑的设计者库哈斯，也会成为伴随中国城市发展的长久记忆。最近，记者专访了曾经为库哈斯CCTV新址投标做咨询工作的建筑师蒋培铭。他认真地讲述了与库哈斯前后接触半年之久的感受。

大师与里程碑式的建筑

蒋培铭作为中国广播电影电视设计研究院的著名建筑师，对广电建筑的设计比较有实践研究，也因此成为库哈斯在中央电视台新址设计项目的咨询伙伴，为投标过程作了相应的工作，双方合作很愉快。相对熟悉一些投标的过程。

蒋培铭说："库哈斯非常不错，无论是做人还是做学问，他都有着一种强烈的使命感。非常着重于建筑设计上的理论与实践。他更重视建筑师能为社会带来什么。"

库哈斯做事很认真，对问题的看法很尖锐。他善于深入调查和了解社会、人文、业主、民众的看法，作为他设计的依据。在做中央电视台项目设计之前，库哈斯也曾经到过中国广州等地，看到中国城市的发展状态，他曾经写过一本在西方建筑界产生巨大影响的书——《大跃进》。准备中央电视台新址投标时，再一次来到中国的北京，他没有看时尚的东西，而是走进老城区和胡同，深入了解中国的传统文化。

但无论是自己看到的还是中方顾问的介绍，都对他的创作起不到决定作用；因为他的创作注重的不在于形式，更多的是建筑状态。对于库哈斯来说，建筑本身就是有生命的，要设定一个有生命的空间，不需要很多无谓的形式与装饰。他不希望我们这个时代在建筑史上是个空白，我们必须有清晰的思想，需要有里程碑式的建筑，让后人可以真实地评价这个时代。而中央电视台就应该成为这样的建筑。

关键要看争论的是不是有价值

库哈斯在刚开始做中央电视台方案时，感觉非常有挑战性，他对中国不太了解，也不知道自己的设计思想适合不适合中国。大约半个月的时间，他都没有太好的设计思路，一直冥思苦想。最后，他把方案拿出来，一下就让蒋培铭震惊了，蒋培铭说："看到他的方案成果，感到很振奋，设计非常个性张力，建筑还可以这样做。"广电院院长在投标之前也看过库哈斯的方案，他当时就认为，库哈斯的这个方案不是第一，就是最后一名。

库哈斯认为，他的方案总是争议很大，做过的每个项目都会被社会、媒体、公众争论不休，一旦中央电视台的方案被选中，也会成为争论的焦点，对中国建筑产生很大影响。事实证明，中央电视台新址还没开工，已经被各界讨论得沸沸扬扬了。库哈斯希望，中央电视台项目从中标开始，到建成以后，都成为广为流传和争议的项目，成为百姓茶余饭后的谈资。

蒋培铭认为，大师的作品总是会受到一些争议，但关键是要看争议的问题是不是值得。目前社会往往在该项目的造价上喋喋不休，认为中国成为国外建筑师的"实验场"。中央电视台新址的确因为其结构的挑战，带来了实施当中的很多不确定性，增加了造价，但这个方案的功能布局上，让他这个广电院多年的建筑师感觉眼前一亮，工艺、功能都很新颖。客观讲，中央电视台项目绝对是个好作品。虽然很张扬，但张扬得有道理。它不是社会上不断炒作的那些只追求建筑形式，甚至是盲目抄袭模仿的东西，缺少真正的创意，不能给社会带来更高欣赏价值的建筑。中央电视台新址这种建筑在中国被选中，会给世界一个信心，让人感觉非常振奋；中国在改革开放的环境下，有足够开阔的胸怀，敢于接受甚至主动迎接挑战；敢于成为世界关注的焦点。

生来就是做媒体建筑的

作为国际大师，库哈斯不是什么项目都接。中央电视台新址是他非常用心地做的一个项目。为什么喜欢做电视台项目呢？库哈斯说他生来就是做媒体建筑的。媒体具有公众性，作媒体就是作文化。作媒体建筑也同样要传播一种思想，这让他有按捺不住的激情。

库哈斯带来的思考

面对中央电视台新址这样的项目、面对中国建筑师在重大项目设计的赛场上战绩不佳的情况，蒋培铭认为，中国建筑师的确还需要虚心学习，摆正心态，多加反思。中国建筑师从表达能力、创作思想、甚至创作态度与国外大师差距还很大；建筑教育和实践脱节，也还需要改善；建设方、建筑材料厂家与设计单位等还没有形成一致的和谐氛围。

生活就是一种实践，建筑是建筑师对生活的理解。随着国内物质文化和精神文化生活水平的提高，中国的建筑师有智慧也有能力做出好的东西。通过引进和输出，中国会出现很多优秀的建筑师，中国的城市也会更加谨慎地研究自己的传统文化、寻找自己城市的精神和特色，摒弃超级模仿的虚伪和浮躁，让人感觉到城市的内涵。

通过与库哈斯在中央电视台新址项目上的交流，蒋培铭受到了深深的影响。蒋培铭说："库哈斯让我开始考虑更多的东西，而且心态特别稳定，做项目更加追求自然朴素，认真地考虑建筑对社会、对民众、对城市的所体现的作用。"

蒋培铭认为：中国还缺少真正好的建筑师，尤其是有国际影响的建筑大师。但世界建筑舞台如同奥运会一样向每个民族开敞。中国建筑师也要像在奥运赛场上一样，为国争光，争取世界的认可。关于库哈斯一类的国外建筑师，我们亟须一种冷静、客观的态度，在基于对全部事实的了解和把握之上对他的想法进行剖析。我们要拥有真正的建筑，而不被所谓的怪异、时髦表现迷惑。（原建设报记者 安治永）

建筑可以走向疯狂，关键在于如何把握。

我们认为，从城市的时代精神上来讲，是可取的，城市总是要存在与时俱进的建筑，反映了时代科技、文化、观念的进步。从建筑的创新意义上来讲，是可取的，因为建筑总要反映现代人的智慧与创造力。随着时代的进步，人们的审美情趣发生了巨大的变化，人们对传统的建筑有一些审美疲劳，也许人们更喜欢接受新生事物。

但是，我们希望疯狂的建筑不要太多，而且一定要与建筑的作用与性格相吻合，不要小题大做，也不要故弄玄虚，使建筑的造价过于离谱。建筑要与所在的城市场所与环境相结合，否则影响建筑与城市的协调。例如，北京的央视新址、首都博物馆、银泰中心等，也许是很好的建筑，但是由于出现在非常不合理的位置，造成视觉的欣赏力差很多。还有一些建筑非常怪诞、媚俗，让人感觉非常不舒服，起码的审美观都没有。这样的建筑只能给人们的心中添堵，正让城市的品质下降，并会造成非常不好的影响。

　　如果非要建造一个所谓的疯狂建筑，我们希望与城市正常的空间体系保持一段距离，或者是一个特定的环境场所，自娱自乐也许就行了。如悉尼歌剧院、巴黎埃菲尔铁塔等，有可能成为城市非同寻常的地标式建筑。尽量不要让所谓的疯狂建筑与其他的建筑拥挤在一起，造成非常混乱的视觉效果。

　　我们希望城市的建筑，要满足使用的合理性，适当地考虑建筑的经济性，在建筑的智能化、生态节能环保上多作文章，不要过于强调建筑的个性，要展示建筑的和谐共生，展示城市群体建筑空间的艺术效果。城市中的建筑要尽量整齐地排列，一一对应，符合城市空间韵律、起伏变化的规律，使得城市总体协调，在统一中有序地变化。

　　我们不得不说，城市中的建筑已经超乎了我们所能欣赏和控制的范畴，建筑丰富多彩的变化让人们感受到城市的进步与发展，让人们感受到城市的繁华与热闹，让人们感受到了城市的无所不能。但是人们也觉得城市的秩序有些混乱，城市的风格已经混沌不清，建筑已经成为非常孤立的个体，城市充满了矛盾，城市群体建筑的感召力与凝聚力已经不复存在，城市的整体空间破碎不堪。人们已经看不懂建筑，不知道如何欣赏建筑。我们的城市过于追求疯狂的建筑，忽略了建筑的使用需求，忽略了地域文化情感的流露，忽略了城市地理、气候特征的表达。

人们为今天的疯狂刺激而兴奋、欢呼，城市闪耀着非同寻常的光芒。但是，我们也许为此付出了昂贵的代价——我们不知浪费了多少土地，破坏了多少自然环境，耗尽了多少人力、财力、物力，建设了我们根本搞不懂、不能欣赏的疯狂建筑。也许这些疯狂的建筑城市根本不需要，只是好大喜功、哗众取宠的结果，这样的建筑也不一定永恒，时间会对它们作出公正的评判。

现代的建筑创作走进了死胡同，或者说是黔驴技穷。为什么这么说呢？因为现代建筑越来越让我们感到平淡无奇般的乏味，除了落地的大玻璃窗，让我们开阔了眼界，享受了日光的温馨，其他的方面一无是处。工业化程度极高的混凝土、金属、玻璃显得非常冷漠无情，没有任何文化语言与情感，甚至细节、色彩都没有，显得非常简单与空洞。

可能由于以上的原因，人们对现代建筑的理解，开始走向形式与表皮，以此来表达所谓的思想与情感，表达对生活与文化的另一种理解，以此向人们展示建筑的性格。殊不知，这样会使得建筑走向了非常玄妙复杂、深不可测的另一个极端，令人不可理喻；还会发生十分荒唐、弄巧成拙的事情，令人啼笑皆非，甚至令人作呕，无法接受。

我们多么希望，建造者与建筑师们，能够理性地思考一下，建筑的根本意义与美德究竟在哪里。传统城市的建筑已经告诉我们，永恒的魅力是什么。我们不希望今天的建筑，只是昙花一现，或者孤芳自赏，自以为是。根本经不起时间的考验，最终让人们唾弃，像垃圾一样被清理。

老建筑的利用

老建筑的利用

　　建筑主要的目的是为了人们的使用服务的，人们可以根据自己的需求，对建筑空间进行安排。现代的城市将建筑功能发挥到极致，将住宅变为办公、医疗、教育、商业用途，将厂房变为展厅、商业、办公、居住的也大有人在，还有将办公楼改造为宾馆、商业用途的，在建筑之间功能用途是可以置换的，只是能否达到使用的最佳效果，用着自清。

　　我们对建筑的态度，有着喜新厌旧的秉性。因此我们经常看到城市经常喜欢拆除一些老旧的建筑，建设一些新的建筑，同时人们喜欢赋予建筑与时俱进的功能与风格。

　　但是，我们发现，有些老建筑质量非常好，只要做一些功能与风格的改动会取得与新建筑同样的效果，甚至更加有味道，得到人们更加的喜爱，成为出人意料的城市景观，展现出令人难忘的光芒。

　　老建筑有新建筑无法代替的内容，那就是建筑的历史沧桑感，如斑驳陆离、模糊不清的一些痕迹，容易让人们想起过去的时光，让人们不免触景生情。

如果我们把老建筑巧妙地与时代风格相结合，并赋予时代新的功能，同样会产生积极的效果，带来了可观的社会效益与影响力，同样为城市的发展起到不同凡响的作用。

北京有一个798工业区（其中包括751等），我们这样统称，这个工业区建设于20世纪的五六十年代，主要是用来生产电子产品的工厂。厂区的建筑是由德国人设计的，许多建筑留存至今，建筑质量和技术指标都非常好。但是由于八九十年代的经济体制改革，工厂的大部分区域处于停业状态，一度的荒废无用。90年代一批艺术家来到这里，租用工厂的厂房，开始了艺术创作。到了21世纪初，这里的艺术气息已经蔚然成风，不断有更多的艺术交流、展览在这里举行，甚至有更多的知名艺术家闻风而至，798逐步名声大振，成为国际上都有影响的艺术区，同时成为人们喜闻乐见的休闲、旅游场所。

由于798艺术区的社会影响力，得到政府的重视，社会的称赞，798文化艺术区在某种程度上是城市旧有建筑利用的成功典范。

还有一个老建筑保留的例子，这就是在北京西城区双秀公园的南面，原来有一个机床厂，基本上也是停业状态。有识之士将机床厂原有的厂房改造成大型超市和一个蔬菜市场，具有了商业用途，一下子方便了周边的几个居住区的日常生活，成为大家非常喜欢的购物场所。北京有许多废弃的工厂，被现代的城市利用起来，发挥了巨大的社会职能作用，在建筑的艺术上，可能没有什么观赏性，谈不上如何成功，但给人们的生活带来了巨大的方便。

我们都知道上海的新天地、田子坊，也是老建筑保护与利用的成功例子。

新天地的方法是把老街区、老建筑拆了，但是保留老街区、老建筑的材料，利用这些材料，按照老上海的风格重新搭建新的街区与建筑，最后形成的街区、建筑仍然是原来的味道，让人感到老上海的昔日风情依然健在。新天地建成后，深受人们的喜爱，逐步成为人们购物、休闲观光旅游的必去之地。由于管理和控制得好，现在的新天地，完全是一个高档的娱乐、美食、购物、休闲场所。

上海的田子坊，是利用现存的、传统的上海里弄与民居，营造出来的具有商业、文化气息的场所，尺度宜人、亲切，使人在其中非常的轻松愉悦，有一种在老上海家居生活的味道。

北京的胡同，如锣鼓巷、方家胡同等，在保持传统旧建筑风貌的基础上，很好地植入时代的功能与精神，同样获得了成功，成为人欣赏老北京文化的最佳场所。

北京的前门大街曾经是北京最著名的传统老街区，老字号的商铺、饭庄、旅馆、电影院、剧院、会馆等非常齐全，其中的鲜鱼口胡同、廊坊头条胡同、布巷子胡同、打磨厂胡同、粮食胡同、八大胡同、草场胡同、大小江胡同等更是名扬中外。但是随着年代的久远，前门大街、大栅栏开始衰落，环境恶劣。特别是20世纪七八十年代建设了一些不伦不类的建筑，这里的老北京风貌也遭到不同程度的破坏。

21世纪初，也就是北京奥运会之前的五六年，政府决定保护与更新前门大街。我有幸地参与了这方面的设计工作，亲身经历了其中的起伏不定、持续不断的建设和实施过程。

这是我们工作室第一次进行旧有建筑保护和利用的设计工作，说心里话，现在的建筑师对传统建筑是不感兴趣的，我们也是这样的心理。但由于这个项目有名气，有影响力，本着对工作室有利而无害的原则，我们参加了。我们的态度是，不论大小项目，只要答应做，就十分的认真。随着工作的深入，逐步取得了一定的成效。特别是现场的调研，对我们真正了解前门大街、大栅栏的历史是非常有意义的，特别是那些胡同、四合院、会馆、老字号商铺，让我们产生了浓厚的兴趣。

我们重要的工作成果是重新确定了前门地区的总体规划，基本上保持了前门地区传统的功能布局与胡同、四合院所形成的空间肌理。并确定了建筑设计的原则，也就是对建筑的高低大小、尺度、元素符号等进行了严格地界定。我们还提出了非常超前的地下空间的设计理念，主要是解决本地区的停车、市政设备与管线的布置，同时解决建筑地下空间的连通，有利于整体更加公共化、智能化，整合资

老建筑的利用

源，达到共享。

　　但是建筑风貌我们始终确定不下来，是根据哪朝哪代的前门大街，因为前门大街的模样变化太大了，许多的风貌不存在了。经过与政府、专家的多次磋商，最后商定，采用20世纪二三十年代的风貌最合适，而且北京档案馆有这个时期的老照片，还由于二三十年代，在前门地区生活过的人还健在。经过五六年的设计与施工建设，新的前门大街终于亮相，就是我们现在看到的样子。

　　前门大街的更新与保护，相对来讲，只有六七成是成功的。为什么这么说呢？因为由于设计周期太快，反复地修改，施工水平太差，有许多不尽人意的地方。而且由于在建筑风貌上过于教条，因循守旧，时代的精神展示不够，有"假古董"的味道。

　　如果按照我们的意图，我们认为大部分的建筑应该保留，哪怕只是残垣断壁，不能拆掉的太多，要做到真正的修缮与维护，不抢工期，哪怕时间再长，我们也要还原历史的本来面目。不主张过多地复制过去的东西，因为我们现代的人，已经达不到过去那些能工巧匠精雕细刻的水平。还有的就是，对于不伦不类的建筑，我们不能置之不理，任其存在。

　　现实的生活中，许多城市的老街区、老建筑风格独特、质量尚好，但非常的不走运，完全被清理了。城市历史的文化痕迹随之而去，人们的城市情感也随之而去。

堵塞的城市交通

但凡我们见到的城市，都有交通拥堵的现象发生，尤其是早晚高峰时段，城市的交通几乎处于瘫痪的状态，一时城市的交通成为令人极端困惑与烦恼的事情。

面对城市的交通堵塞，我们一筹莫展。我们不禁要问：是城市的道路少了，还是汽车多了？是道路交通的管理力度不够，还是人们对交通法规遵守的不够？

从目前来看，城市的道路，主要是为汽车服务的。虽然有了飞机、火车、城铁、地下轨道交通等交通工具丰富与改变了人们出行的交通模式，但人们更多地利用汽车出行。

汽车有诸多好处，尤其是私家车，既可以成为家庭财富与地位的象征，又确实地方便了家庭个人随机地出行，可以很方便地到任何一个地方。同时私家车省去了买票、排队、等候的许多时间，更避免了与陌生人在一起的尴尬。

随着城市汽车拥有量的增加，主要是私家车快速的增长。我们终于看到城市交通因为汽车太多发生拥堵，尤其是早晚高峰的时候。慢慢地人们发现节假日也是如此，人们感叹有了汽车，为什么出行更难。

同时汽车造成了巨大的污染问题，空气质量下降，出现多次雾霾的天气，并引发了一些与呼吸道有关的疾病。还有就是汽车的停车难问题，尤其是热闹繁华的地方，停车根本不可能。

由于汽车带来很多的交通问题、污染问题，人们不禁对汽车产生了极大的问号。于是有一些城市采取了并不有效的措施，如中国北京的限号出行，限购汽车，成为人们非常苦恼的事情，要买车的人们更是怨声载道。也有的城市提高汽车购买的价格，提高油价，提高停车费，等等，似乎有了微弱的作用，但都是不得已而为之。

为了减少交通堵塞，人们采取了很多的办法与措施，为了减少汽车的能耗、污染，人们发明了电动汽车。一切初衷都是好的，但似乎亡羊补牢，为时已晚。

我们必须果断地对汽车采取态度，从我们的观点来看，汽车除了是便捷的交通工具以外，没有任何的优点。大多的汽车随着年代的久远，需要报废，价值为零，总不能同房子比较，有保值、增值的机会。汽车出现以来，交通事故多了，而且非常严重伤害了人们的身体。由于交通的堵塞，汽车出行很难了，它的优势也没有了。

再说停车也非常难，需要建设大量的停车场。不论是地下的、地面的、空中的停车场，都需要很多的空间面积，一个停车位平均占地面积少说有14平方米，还没算上汽车出出进进的道路空间面积。北京有400多万辆车，这将会占去5600万平方米面积，占掉的城市可用面积数量真是惊人。我们不得不惊讶，这可以盖多少房子，或者有其他的用途。

无论我们怎样说汽车的弊端，真正让人们放弃汽车，是件很难的事情，把汽车从城市中清理出去，扫地出门就更难了。

面对汽车我们就没有办法了吗？办法是有的，一是大力发展公共交通体系的建设，让人们在家庭、办公的地方很容易搭载公共交通，对一些利用汽车进行运输的个人、部门、单位，严格地进行限制，最好由公共交通体系来完成。尽量控制私家车或无关紧要的汽车数量。

我们还有一个办法，那就是对城市交通道路进行科学的管理与优化。

我们会看到，城市的交通拥堵，有时候不完全是汽车的问题，更多的是道路的设置与管理问题。比如道路的密度、宽度不够，道路过于狭长而没有分支。道路的红绿灯设置有问题，道路出入口的设置有问题，道路的直行、左右转弯设置没有科学的依据。

更为严重的问题，是违反交通法规。我们在每一个城市会看到，尤其是道路的十字路口，汽车、自行车、人流，经常不遵守红绿灯的指示，更有甚者抢行、逆行，横行霸道，使得城市的交通现象十分混乱。

这主要是人的因素，人的社会责任心——道德、纪律、秩序感太差。有人将这归咎于人的素质，我们看并不十分正确。因为我们经常看到的是有权势的汽车、豪华的汽车、特殊部门的汽车乱抢乱行，非常明显与特别。

综合以上，我们可以看出，城市的交通堵塞问题，主要是汽车的数量太多，道路的设置不合理，城市的交通管理的科学性、执行度不够，人们对交通规范不自觉遵守。

汽车数量太多，主要是私家车，我们要有效地控制私家车的数量，大力发展公共交通体系，这是非常迫在眉睫的事。关于城市道路的合理性，我们需要对城市的道路进行科学的分析，是不是可以进一步优化。关于人们不遵守交通法规，我们认为绝对是教育、管理、惩罚的力度不够。

我们认为城市的汽车交通拥堵问题，是不是城市的道路设置真的有问题。我们不妨从以下几个方面进行探讨：1）城市的道路规划与设计；2）城市中的孤岛，大尺度的街区；3）交通法规的颁布与执行；4）道路的密度与宽度。

1）城市道路的规划与设计

城市道路的规划与设计，是在城市总体规划阶段就要确立的，道路是城市结构体系的重要环节，有些道路起到城市结构的骨干作用，这就是我们说的城市主干道，还有其他的是次干道，主干道与次干道交织成网状，覆盖了城市的每个角落，城市的交通得以通畅与循环，除了城市结构的需要，道路的设计总量要有一定的比例，在欧美道路占城市土地的30%，绿化占30%~40%，其他占30%，作为城市的规划，除了道路的比例，还有道路的宽度、密度，当然我们还要科学地分析道路的负荷情况，道路周边的功能组成。

北京的道路规划结构设计，基本上是根据老北京城原有道路体系的延伸，过去哪有城门，哪里有道路。城市的道路体系顺应这样的原则，无限地编织扩大。但我们都知道，老北京城的道路体系，原来是为人和马车服务的，况且那时人很少。现在的汽车使用过去的道路系统，道路的宽度、密度显然不足。基本的道路网络不满足现代人和车的需求，我们还把这个体系放大应用，肯定是有问题的，而且北京的道路以前多是胡同，没有考虑汽车的应用。

现代的北京道路网络设计，我们认为应该紧贴现在的二环路外，设计一个宽度1~2公里的带状体系，做成绿化、社会保障与文化一类的公共建筑、交通枢纽转换平台，这样的话，老北京城与现代的北京有一个清晰的界面，既保持了老北京的图形，又看清了现代的北京。这个带状体系会缓解城市交通的疏导压力，我们在这个带中设计一些医疗、文化、博览等公共设施，人们看病、观赏、休闲、办事会很方便。事实无法改变了，现在大量的商业、办公、居住密集在二环的周围，你来我往的人流、车流很多，再加上进出城的对流，很容易造成交通堵塞。

有时我们发现城市道路的转换宽度，主路到辅路的出入口设计不合理。北京的四环、五环、六环这样的问题最多，进出口的位置、数量设置很不合理，道路转换的宽度不够。到过美国的人都知道，美国的高速公路，正常是四车道，接近城市时八车道，进入城市时十六车道都有，总之在结合部的地方是放松、放宽的，而我们的道路设计往往是越发吃紧，像千军万马过独木桥。

我们的道路设计多是十字路口、丁字路口，多种交叉路口很少，这就造成了汽车的行驶经常性的交叉，交叉肯定就有矛盾。路口的设计对建筑风格的设计也很难，四个角落建筑一样，人的方向感迷失，建筑风格不一样很乱，不协调。丁字路口是由两个角落和一个面构成，重要的建筑可以坐落于面上，非常醒目，庄重大气，灵活多变的风格都可，会在路口形成一个很好的景观，同时道路的纵深方向有对景。如北京的展览馆、天安门、公安部、商务部、一些学校的门口都有这种感觉。有时我们对路口的交通与建筑设计应多加注重。

2）城市中的孤岛，大尺度的街区

在北京我们会看到一些城市的孤岛，这些孤岛的存在，给城市交通带来了巨大的压力，造成城市发展的不均衡态势，而我们的城市又不能抛弃它们，必须与之建立有效的联系。交通当然是我们的首要选项，但我们发现一些客观或人为的因素，使得我们很难解决联系的问题，尤其是城市发展过快，我们顾及不到这种联系，我们几乎顾了东忘了西，城市在做许多重要的事情，我们的城市规划也仓促出台，都是应急需要，我们有时不知道会发生什么事情，城市的道路建设永远跟不上城市前进的脚步。在基本建设不到位的情况下，城市中一座座孤岛诞生了。

城市中近乎孤岛的大社区太多了，这种社区大的没边，叫作所谓的城市新城或新区，似乎与城市的原有状态格格不入，甚至有的地方完全抛弃了老城，建设全新的城市，因为老城的问题太多，不如一张白纸好做文章。所以许多城市为了所谓的形象与利益，开辟城市的新区。但我们知道老城的城市基础设施是相对健全的，新城许多条件不具备，而它们远离原有城市的核心，带来一系列的问题，几乎中国城市化的过程都存在这样的现象。许多的城市新区建设好了，但是新区的人们许多在老区工作，生活的必需品也要到老城购买，新社区的人要多次往返于新城与老城之间，他们早晨进城，夜晚出城，都是高峰阶段。

堵塞的城市交通

北京的城市规模愈来愈大，漫无边际。城市所增加的部分必然需要联系，这就需要提供一定的交通联系，如果离城市核心区不远，可能还好办一些，可以利用部分的城市交通体系与城市有效地联系。如果新建的城市社区不大，对城市与自身的交通影响似乎不大。但是如果建设了一个偌大的城市社区，对城市与自身的交通影响就大了。这样的情况在大都市经常发生，比如北京的望京新区、天通苑、昌平的回龙观，都是城市新兴的社区，建设这些社区的目的，是解决居住问题。许多人花了钱买了房，高高兴兴地来到这里生活，一切安顿好了。但开始生活、工作的第一天，许多人就被许多问题难住了，与城市的联系太过脆弱，这里的人进城难，城里的人到这里同样难。以上所列的社区犹如城市的孤岛，岛上的配套设施及其不到位，商业、医院、办公、学校等都不健全，造成这些社区不仅仅出行困难，生活上更是困难重重，生活品质可想而知。

大多数的城市仅凭一股热情在塑造城市，这种热情的背后更多的是攀比，你建一个开发区，我也建设一个，你有CBD，我不能没有，你搞什么我搞什么，根本不考虑城市的地位与实力，所有这些新建的，有用没用的社区，都需要城市道路来联系，城市的交通方向与流量发生不合常理的变化。由于这些地方都在城市的边缘，离原有城市很远，我们步行已力不从心，那只能靠汽车交通解决，这必然造成城市交通方式与交通工具的增量，如果这些社区与城市有一个相对平衡的状态还好，就怕它与城市极端不对称，而城市大多数人生活在那里，他们却在城市工作，而城市的一些人又要到这里工作，人流、车流造成逆向的交叉，道路能不堵吗？城市规划要适当考虑人们的工作地点与生活条件，如果在新社区这些不具备，新社区的人会经常性的耗费时间往城里去，道路被频繁地重复使用。我们城市的许多地方由于基本建设不到位，成为生活的瓶颈，更成为城市交通的瓶颈，城市不堵都难。

我们的城市规划目前基本上不考虑人们工作、居住特点，比如北京的央视、北京电视台新址的选择，地理位置非常不好，大量的央视、北京电视台的人居住在西面，而两台的工作地点在东面，这两个单位有几万个员工，还不包括它们的家属，从西面到东面工作，将形成滚滚人流，况且这些人多是有车族，地面交通的压力可想而知。还有许多类似的现象——我们发现城市的变迁，在计划经济向市场化迈进的过程中，根本没有考虑人的迁徙，因为许多这样的情况都是城市存在已久的人居状态。城市中发生许多这样布局关系大动作的变化，包括一些拆迁的事情。我们成了和事佬，不求科学，安排了事。许多的城市功能布局没有考虑是否合理的问题，只顾飞速的建设，不注重人的要素，更不注重由此带来的交通压力与风险。大多数人，尤其是在大都市的人，由于现在的国家政策，工作可以随意调动，这也造成了城市交通的变量因素，许多人为了收益高的工作，不惜跋山涉水、千里迢迢，殊不知这样给城市或者自己带来多少麻烦。现代城市没有控制的人口流动，也潜伏着许多不可预知的问题，这都与城市没有控制的总体规划大有关联。

北京还有一些业已存在的大院，如政府的、军队的、企业的、学校的，在这些大院的周边经常发生交通堵塞，原因是这些大院的规模尺度过大，城市的道路经过这里就会短路，都要绕道而行。这样的话，城市的道路密度在这里严重不足，况且在这里还有大院的车流加入进来，道路负荷可想而知，这些大院同新建的小区在交通上会遇到同样的问题。随着城市交通的繁重，一些大院周边的交通状况愈来愈差，我们是否应尝试一些改变。

3）交通法规的颁布与执行

每个城市都有交通法，而且在不断地增加与变化，北京的交通法越来越严。但是我们在现实的城市中发现，自从安装摄像头以后，我们看不到交警管理了，以前我们抱怨他们多事，现在我们真希望他们管管。摄像头只是违章的记录，但在早晚高峰时，许多人明目张胆地违法，不及时疏导、管理，非常影响正常的交通。交通警察忙什么去了，我们不知道，但听说交警的力量远远不够。但是我们看到在夜色下查查酒后驾车者的时候，会有许多交警严阵以待。还有就是你发现许多汽车上贴了违章的单子，你觉得警察来过，但没看见，这是警察跟你打游击战。我们感到警察非常不愿面对违章者，管理和执行的力度明显下降。我们发现交通法规始终在变，更重要的是罚款的数量逐步增加。

北京现在什么场面最混乱，除了不断建设的工地，最乱的景象就是交通，交通混乱令人触目惊心，时刻影响安全问题。

北京的车种类繁多、数量多，给城市道路带来了巨大的压力。人也多，五湖四海、三教九流的人都有，已严重超出城市的负荷，要饭的、要钱的、盲流、游荡者、民工、小商贩、蓝领、白领等，如果我们说以上是北京交通混乱的一个原因，有失公允。然而现实是，开车的人、走路的人越来越不遵守交通法规，我们几乎不相信每天都要面对混乱的交通景象，下面我们看看到底发生了什么。

汽车有汽车的路，自行车有自己的道，行人有行人的道，这是我们建立的行走规则。但是我们发现汽车、自行车、行人都不愿遵守这些规则，汽车不仅在自己的路中不好好走，比如随便加塞、闯红灯、逆行、随意变线，甚至抢占自行车、人行道。自行车走汽车的路，走人行道已经见怪不怪，自行车在道路上任意穿行，从来不管交通灯、交通标志的指示。再说行人，简直是无法无天，任意横行，其安全性、危险性，最令人担忧。

北京现在的汽车拥有量，已经超出城市的负荷，虽然颁布了各种车辆限行、限购的政策，道路交通状况改善不大，还有一些原因就是开车的司机不遵守交通规则，交通的管理不到位。

我们看到在早晚高峰的时候，许多汽车严重违章，完全没有正常的秩序。汽车没什么过错，关键是那些驾驭汽车的司机，汽车如人，汽车在道路上如何表现，我们基本上知道了开车的司机什么德行。许多的汽车经常违章的表现如下，在早高峰限制的情况下走公交车道，走自行车道，与自行车抢行。不打转向灯，随意地拐来拐去，随便地并线，在道路路口闯红灯，不按照地面上画的直行、左转、右转标志走，对行人没有避让（当然行人经常不守规矩）。尤其是出租车、军车、豪华车、一些所谓的官车，更是肆无忌惮。还有一些汽车，为了方便违法，干脆把车牌摘下或用某物遮挡车牌，还有用假牌子的，达到神不知鬼不觉的境界。没牌照的、假牌照的汽车最危险，发生交通事故，找人都找不到，令人非常气愤无语。以上是造成交通秩序混乱的重要原因，由于缺乏严格有效的管理，有愈演愈烈的趋势。我们经常看到汽车交通事故，看到司机们在路边争吵，令人不安、烦躁的场景，怎么办呢？

自行车是中国的特色，我们是使用自行车的大国，骑自行车锻炼身体、环保，有许多好处。但是现在骑自行车是让人最为头疼、危险的事情。如果说汽车在自行车道上行驶，骑自行车的人很危险，骑车人在汽车路上走，还是骑自行车的危险。骑自行车的人现在是把生命安全于不顾，随意地在道路上穿行，逆行、抢行、乱行，十分凶猛。在骑车人的眼里红绿灯如同摆设，我们几乎看不到几个遵守规则的，只要有缝隙，我们都会看到骑车人的身形，太潇洒了，骑自行车的人简直是天王老子，无所畏忌。我记得20世纪八九十年代，骑自行车带人、违章，轻者罚款，重者还要罚站岗执勤，帮助维护交通秩序。现在没人管了，或者说没人敢管，这是自行车最为"凶猛"的时代。

现在的自行车种类最多，人的动力、电动的、混合动力的什么都有，速度奇快，没有声音，汽车、行人都躲闪不及，经常发生交通事故，轻者皮肤擦伤、伤筋动骨，重者不省人事，甚至车毁人亡。现在的自行车管理严重不足，骑车人的风险指数最高。

在城市交通中，那些步行的人，更是嚣张极致，视眼前的一切不存在，不在乎红绿灯，不在乎汽车，不在乎警察，为所欲为。我们看到行人随意地翻越道路上的隔离带，随意地在快速路上穿行，同汽车抢行。还有一些人在汽车行驶的路中发广告、要钱，经常造成汽车减速，或发生事故。北京电视台，曾拍摄到在高速路上穿行的人，被汽车撞后，飞出几米高的恐怖场景。我们有时想，人怎么了，都争分夺秒地抢行，难道不知道爱惜自己的生命，难道不知道存在的危险？

4）道路的密度与宽度

我们的许多城市，在设计道路时，可能有严格的规范或规定，但是执行实现却很难，或者是城市的道路设计者，没有前瞻性、科学性的头脑。我们看到城市中，有些交通堵塞的现象，完全是道路的宽度、密度造成的。宽度、密度是相辅相成的。我们不能因为某一条道路过宽，就放松了道路的密度。我们经常看到现在的城市中，有一些所谓的"世纪大道"，或城市的中轴线、主干线道路过宽，而与之平行的道路就减少了。比如北京的道路设计，过于依赖所谓的环线，或者长安街这样的道路，结果大部分的汽车汇集在这里，本来图个快，结果被堵个痛快，进不去、出不来。有时走辅路、小的街巷都比这样所谓的宽阔快速的路走得快。如果你仔细回忆一下北京的道路交通，你会发现横贯东西、南北的路没几条，这就造成城市道路的频繁交叉，大家绕来绕去，不能直接到达目的地。这就是说城市的主干道体系密度远远不足。

再看一下我们的街区，更是宽度不够，密度更不足。除了历史的原因，有一些街区过大，因而城市道路密度不足。然而我们发现新设计的街区，也是道路密度不足，尤其是那些大的商贸区、居住区，只是为了自己的气魄与私欲，占了相当大的城市区域，但是没有给城市道路留有余地。

正常的话，街区的范围应该是500～1000米足矣，最好150～200米左右，有支路，保证区域与城市的交通联系，必要时为城市所用。但是我们发现，现实是很多的新界区没有做到，而且封闭，有意地限制街区与城市的联系，可能是为了管理方便。但这就造成城市道路体系密度的不均匀性，人们正常的道路使用受到了严格的限制。

城市的道路不仅是起到城市的结构骨架的作用，道路更似人的血液循环系统。血液的流动不仅需要主动脉，还需要次动脉、毛细血管，甚至需要神经末梢。我们的城市道路如果不科学、尽善尽美地优化，会发生数不清的道路"血栓"问题，城市的运转体系会出现严重的健康问题。

现在的城市秩序与风格乱了，城市的人文精神乱了，城市的交通乱了，这也许是一脉相承地恶性循环。我们可能是治标不治本，或者是本末倒置，城市的交通乱象令人堪忧。

远离自然的城市

远离自然的城市

如果没有自然的陪伴，城市会怎样？

我们会感到孤独，因为除了我们，没有任何生命的迹象。我们会感到生活枯燥乏味，除了循规蹈矩的生活，没有其他让我们轻松、愉悦的地方。我们的眼前是一片灰色的，我们看不到一些生灵在我们周围飞舞、跳跃、鸣唱，感受不到世界的丰富多彩、美丽动听。

我们不得不说，城市的自然在减少，随着城市化进程的加速，自然减少的速度也在加快。因为城市化占用了大量的自然生态环境，自然世界逐步地退却，城市自然空间被挤得越来越狭小。当然，我们的城市保留了一些自然，但非常的少。我们的城市同时创造了一些新的自然环境，但大多是形式主义，不是真正的生态自然。

城市化需要占用大量的自然生态环境，建设房屋、道路等一系列的设施，解决人们的生存问题。这时候人们忽略了与自然的关系，放弃了人们对自然的渴求。人们只关心土地的利用效果，只关心建筑的使用、商业价值所在。我们看到许多城市把自然都归类到所谓的公园、绿地之中，而疏远了我们与自然的亲切距离，我们只有去公园、绿地才能感到自然的力量与存在。过去的城市，自然的比例，50%以上或更多，而现在的城市，自然的比例已经降到30%左右，而且多是形式主义。

由于现在的城市，过分地追求密集的高楼大厦效果，在我们的眼前，树木花草更难看到，阳光也不那么灿烂，天空也不那么辽阔。我们仿佛有意与自然的世界隔离，或者我们太重视自己了，而轻视了自然。

在现在的城市中，如果我们能够看到了一片水面、一片绿地、一片茂密的树林，我们都会欣喜若狂，感到那么的亲切、轻松、愉快，一派生命力盎然的景象。在这样的时刻，我们有时会忘记城市的存在，我们与自然同在。

现在的城市与过去的城市相比变化太大了，主要的特征就是建筑、道路的增加，自然的减少。我们现在要去看真正的自然，只有到郊区、农村或更远的地方，城市里的自然太少了。

过去的城市，建筑都是一至三层，我们看到的树木比建筑高，建筑掩映于绿意葱葱的树木中，非常的生态。城市看起来都是绿色的，仿佛是生长出来的。

过去的城市道路不宽，也就是来回两个车道，行道树密密的挤在一起，手挽手、肩并肩，非常亲密。道路两侧的树梢经常在道路的上空交头接耳，形成绿色的天棚，这就是我们常说的"林荫大道"，在夏日里会感到非常凉爽。

过去我们的房前屋后，都是果树、葡萄架、蔓藤等树木花草，给人以安逸、宁静的气息。我们的窗外到处都是绿色，几乎唾手可得，还可以听到鸟儿欢快的叫声，嘶哑的蝉声。

从城市设计的角度，讲究建筑、环境、人的和谐。在过去的城市中，建筑、环境、人的关系是很亲密的，建筑与环境、人的尺度是亲切的，我们感到建筑、环境、人是那么的恰如其分地相互适应。

过去的城市，建筑是讲究色彩的，红色、黄色、白色等等，城市总是要突出一种主要的色彩关系，其实这也是城市环境影响人们视觉、心理的重要因素，这也是很重要的人文环境。

过去建筑的高度比较低矮舒缓，从人的使用来看是方便的，从视觉的感受上看是亲切的，建筑的形态好像从大地中生长出来的。建筑之间的距离关系，非常有助于通风、采光、日照，使得人们尽享大自然的恩赐。

过去城市中的树儿，密的、绿的让人陶醉不已，随时可以在树下玩耍、下棋、打扑克、聊天，逍遥自在，甚至利用大树玩藏猫儿的游戏，有些树的枝头上，就是我们的另一个家。由于树很多，那时的空气都是凉爽的、新鲜的。曾经有许多与树有关的故事，我们慢慢忘记了。

过去建筑的材料基本取材于本土，是真正的原生态，有浓郁的地方特色。过去建筑墙体厚度、开窗形式、屋顶造型充分考虑了的当地气候、季节特征。总而言之，过去的建筑与当地的自然环境密不可分。

现在的城市，建筑都是二三十层，几十米高，有的建筑高达几百米。与建筑比起来，树木显得非常渺小。城市看起来都是建筑，波澜壮阔的场景十分震撼，气势逼人。在高大密集的建筑群中，我们很难看到绿色自然环境的存在，即使看到了，感到绿色自然环境都处于迫不得已的生存境界。绿色的自然环境，已经从原来与建筑平等互利的角色，变为甘拜下风的角色。

现在的城市道路是宽大的，阳光大道、世纪大道应运而生。道路两边的树木，只能隔路相望，不能再有亲密的举动。行道树之间的距离在加大，逐步成为形式上的摆设，甚至没有了。我们在一些大城市，尤其是建筑密集、超高的区域，树木绿化的感觉就越来越差，我们与自然环境彻底告别了。

现在的城市，建筑是高大的，我们的窗外都是建筑，只是透过建筑的缝隙，我们能够看到绿色自然的存在，房前屋后的绿化成为了装饰，小的可怜，少得可怜，而且看到这些绿化，有时很难得到阳光雨露的滋润，仿佛失去了自由，困在高大的建筑群落之中。我们很少听到鸟叫了，蝉声早就没有了。

现在城市中的建筑、环境、人不成比例，严重地失调，更多地显示的是建筑的存在，自然的环境少了。由于建筑过于密集高大，人显得非常渺小。我们需要仰视每一个建筑，感觉非常压抑，甚至窒息得透不过气来，犹如生活在没有情感、枯燥乏味的机器中。

现在的城市，没有了什么色彩的主张，变得愈发的灰色，使得我们的心情都是灰色的，没有了色彩的绚丽。

由于建筑的高大密集，我们感到天空少了，阳光少了，树木花草隐遁了。

现在我们要欣赏大自然的风光，或者想与大自然接触、交流、抒怀，必须到郊区、农村，或者更远的地方。大自然对于我们来讲已经成为了一种奢侈品，非常的难得。我们非常怀念与大自然和睦相处、亲密无间的美好时代。

现在的城市建筑，根本不采用地域的材料，走向了国际化，建筑的造型，不考虑地域的文化特征，城市都非常相像，让我们感到有些乏味，我们更愿意到那些具有地域风情的城市或小镇，寻找城市自然流露的那种表情。

我们看到现在的城市，街区、建筑的秩序非常混乱，城市的风格也没有了，让你感到真正的城市意义似乎不存在了，城市像垃圾一样随意的摆放、堆砌，城市的人文景观同样极端恶劣。

城市自然的缺失，给人们的身心健康带来了一定程度的影响，同时城市人文景观的混乱、热岛效应、汽车尾气的排放、工业的污染更加重了这种影响。

我们不重视自己的生存环境，我们不再关心、热爱自己的家园，我们还关心什么呢？

北京近三十年来，建设了无数的新小区，我们看到许多小区像笼子一样把人们囚禁其中，原因是没有环境，同时由于汽车进入了家庭，小区内外停满了汽车，环境就更恶化了。即使所谓的高档别墅区，环境也是做做样子，只是中心区、入口有一些所谓的景观。我们看到一些小区的建设，往往先是把原有场地的一切清理干净，包括厂区内的一些绿化，这些绿化包括树木、花草。许多树木有几十年、上百年的生命，花草也已自然成态，但是建设的需要，它们都被清理了，几乎没有保留。新建区域内的树木、花草、旧有建筑的命运往往都是如此，在城市建设的过程中，喜欢场地内一无所有，更利于建设的便捷与红利。

城市对建筑用地是有绿化率要求的，而且非常严格，但是我们在设计过程中，往往是凑这个指标，不考虑景观的实际效果，犄角旮旯随意布置所谓的绿化，蒙混过关。可叹的是居住者不知道这些事情。况且设计的时候，小区的建筑、景观效果图非常逼真、漂亮，给人感觉小区的环境美若仙境，许多人住进去以后，才有上当的感觉。

不仅居住小区，我们看到其他的公共建筑建设，建筑的环境也不到位。在这场快速城市化的运动中,我们看到的是城市建设不可避免地改变了城市原有的生态环境,城市由小变大,占据了更多的土地资源,许多自然的植被不复存在,城市由低变高,占据了我们视觉欣赏的空间,我们看不到那山那水,还有那一片片的绿色。城市由疏松变为密集,高效地满足各种建筑功能的需求,使我们的自然环境空间受到无情地挤压与排斥。

以前从香山"鬼见愁"眺望北京,视觉宽广透彻,北京是绿色的,绿树与建筑亲切地交织在一起,十分和谐,景色丰富迷人。现在我们从香山"鬼见愁"再看北京,让人大吃一惊,北京已变成由建筑主宰的庞然大物,但没有了具有生命感的自然气息。我们看不到绿色了,或者说绿色已完全隐遁消失了。

过去,我们同自然是那么密切,触手可及。现在的城市让我们远离了自然,我们只能希望城市有许多公园,街心花园、绿地在城市中出现,让我们有一个休闲漫步的地方,让孩童们有一个戏耍的地方,让老人们有一个清新宁静、自然陪伴、沐浴阳光的地方。让我们会像过去一样,在老槐树下聊聊天、下下棋。

现在城市中拥有自然的地方太少了,所有合适的地方都建设了高楼大厦。使得我们在周末、节假日,不得不奔向郊区、农村,去寻找与大自然亲近的地方。

在北京马甸桥附近,住着几十万的居民,属于几十个不同的小区，马甸桥的西南角有一个老公园——双秀公园，西北角是一个新建的马甸公园。双秀公园长约400米，宽约100米，面积5公顷左右；马甸公园长约1公里，宽至少200米，面积不足20公顷，就是说附近的居民有25公顷左右的公园绿化可以享受，我们粗算一下，每人1平方米左右。我们发现在盛夏的时候，这两个公园人满为患，苦不堪言，跟闹市区差不多，根本无法闲庭信步地享受绿树的阴凉和绿地的温馨。

在北京有一些"三不管"的地方，这主要是各区之间与城乡结合部的地方，这里的自然环境很差，人文环境更差。每次到城市这样的灰色地带，你会看到很乱的房屋拥挤不堪，破衣烂衫、说着不同方言的居民。纸屑、塑料瓶、碎砖瓦片在这些地方遍地都是，十分肮脏，散发着一些难闻的气味，令人十分难堪，目不忍睹，有时我们真是钦佩这些人的生存能力。

北京的大场面繁荣发达、靓丽多姿，很难想象城市存在这样的角落。这些地方成为城市遗忘的角落，藏污纳垢，还存在治安隐患。住在这些地方的人，多是流动的人口，四海为家，城市似乎忽略了他们的存在。

这些年我们的城市面貌改观不少，但是城市的绿化、空气污染建设工地、汽车尾气、河流的清污、人文景观的混乱等，管理、治理得远远不够，造成城市的品质极其恶劣。我们知道了现在城市面临的最严重的问题，就是雾霾天，空气相当的污浊，什么也看不清，甚至看不见，我们不知道这对人们的身心健康，到底造成怎样的伤害。

在北京，不论是当地人，还是外地人，都喜欢去后海、颐和园这样的地方。因为在这里，有着浓重的自然气息，大大的水面，浓密的树木花草。望一望水面，漫步于树木花草之间，心情顿时平静下来，感到非常放松、愉悦。同时这里还有悠久的历史文化景观，给人以历史文化的熏陶与遐想。在城市中，像北海、颐和园这样的地方太少了。

无论我们多么的忙碌，无论我们的心情如何，无论我们的生活境遇如何，自然永远是我们心中的彼岸，自然才能化解我们的疲劳，让我们的心情平静，让我们的生活还有另一种情趣。

现在的城市中，自然环境越来越少了，我们太过于追求城市的繁华热闹，而失去了朴实、真挚的情感诉求。我们根本不考虑自然环境的缺失会带来什么样的后果，会给人们的情感造成怎样的伤害，我们更不会想到自然的缺失会带来怎样的报应。

我们如何改变城市自然条件恶化的现状呢？

我们需要行动起来，最可行的办法是，如果新建的城市或新区，我们要首先考虑尽量保持自然现状的存在，或者尽可能的建设一些公园、街心花园，让人们很容易与自然贴近。如果是非常缺少自然环境的城市现状、老区，我们要采取办法进行弥补，要在尽可能地进行绿化，或者把城市许多闲置、模棱两可的地方，改造成街心花园。

如果很难的话，或者我们可以做一下屋顶花园的尝试，或者我们要求人们在建筑的窗台、阳台等可行的地方，摆放绿色植物、花草，也可以建设绿色的花房、中庭等。只要我们尽力了，城市的自然环境景观会好一些，人们会感受到具有生命力的自然气息。

城市自然的缺失，已经破坏了生态的平衡，造成气候特征的改变，并降低了城市抵御污染的能力，值得我们深思与警惕。

难以承受的城市人口与人文精神

这些年来，城市人口快速地增长，瞬息万变，以至于我们不知道现在的城市人口到底有多少？

由于城市人口的剧烈增长，我们已经深深感到城市正在承受巨大的压力。可是我们发现城市并没有对人口进行控制的意思，不知是没有办法、良策，还是有意地听之任之，或者视而不见。

城市的人口为什么太多了呢？一方面是因为城市正在迅猛的发展，吸引了无数的人到城市中淘金发展，人们从乡村进入城市，从一个城市进入到另一个城市，尤其是大城市成为人们争先恐后进入的目标，一时间大城市人满为患。另一方面，人们现在可以自如地出入城市，因为现在的城市采取了开放包容的态度，不再限制人们进入城市生活。

于是城市的人口越来越多，许多的城市人口增长了好几倍。

城市只是放任人口不断地涌入城市，却没有考虑如何解决他们的居住问题，如何解决他们的就业问题，如何解决他们的看病问题，如何解决他们子女的学校教育问题，如何让他们融入城市，遵守城市的文明、法规，遵守城市的道德、秩序，使得城市保持或发扬城市可贵的精神。

由于城市人口太多，人们的居住已经非常成问题。一方面是由于城市不再对人口居住进行有计划的安排，虽然城市有经济适用房的计划，但落实的情况不是很乐观，而且近乎杯水车薪，作用不大。另一方面，城市住宅的商品化，虽然使得人们有了自由选择居住的权利，但由于房价太高，大多数人买不起。为了买房，人们不得不拼命地工作，或者负债、贷款，使得人们的心力交瘁，不堪重负。

面对众多的城市人口，我们看到城市的建设与发展，过于商业化、经济化，并不是完全为了满足城市人口生活的需要，更多的是经济利益的需要，大多数的城市建设与发展都是围绕经济利益的主题。而人们真正需要的医院、学校等社会保障建设得相当缓慢或很少，这就造成了城市看病难、上学难的现象。

城市人口快速增长的部分，主要是外来人口，这些外来人口，有些是国家计划安排的，是城市真正的人口组成，而这部分人很少，大部分外来人口是流动人口。由于城市流动人口的增加，带来了许多的不确定性。

这些流动人口，你不知道来自何方，也不知道他们在城市中是长期居住，还是短暂逗留。

这些进入城市的外来人口，进入城市的目的也不相同，有的是盲目的，不知到城市来干什么；有的是试探性的，先在城市里看看再说；有的人却是雄心勃勃，很明确地希望在城市中长期生活，成为城市真正的一分子。

由于城市的户籍制度，城市不知道如何将流动人口融入城市之中，如何对他们进行教育与培训，如何让他们遵守城市的道德、文明、法规、秩序，如何具有主人翁的精神，热爱、关注城市。

由于城市人口太多，人们的生存环境质量十分不好。比如北京、上海的人口太多了，远远超出正常的人口密度。

国际上人口密度的规定是：第一级人口密集区每平方公里大于100人，第二级人口密集区每平方公里25～100人，第三级人口密集区每平方公里1～25人，第四级人口密集区每平方公里小于1人。

以上的规定是按照土地的面积来算的，并没有考虑人们生存的条件是否满足。如果按照人们居住的面积来算，据学者说每平方公里15000人比较合适，这个密度人均居住面积50平方米，户外活动面积20平方米，道路占20%，日常的出行距离比较短，城市的交通压力比较小。按照后一种说法，北京、上海的人口远远超出规定的第一级密集区的下限。北京目前的人口密度，市区每平方公里23000人，郊区每平方公里5000人，远郊每平方公里300人。可以想象北京市的人口是多么密集、拥挤，人们的居住质量与居住环境非常恶劣。上海的人口密度比起北京，真是有过之而无一不及。上海市区每平方公里36000人，郊区20000人，远郊600人，上海成为中国（除了港澳台）城市人口密度最高的城市。

即使北京、上海的人口众多，人们的生活面对无尽的压力。但是，由于人们喜爱大城市的观念作怪，我们看到那些所谓的北京、上海人，宁愿拥挤在窄小的房子中居住，忍受着不舒适带来的折磨；宁愿承受入不敷出的生活压力，而满足自己的虚荣心；宁愿每天起早贪黑、疲于奔命、紧张地忙碌；为了维持生计，宁愿像犯人一样，被困在密集、高耸、令人窒息的建筑中，偶尔向外眺望，却发现什么也看不到，看不到天，望不到地，自由、自然的气息都没有了；宁愿到人群拥挤的医院排队看病，病上加病；宁愿在拥挤的人群中争抢廉价的商品，而心安理得；宁愿面对拥挤不堪的道路交通，垂头丧气；宁愿每天承受环境的污染，忧心忡忡；宁愿……

我们困惑的是，北京、上海的城市建设还在持续不断地拓展，人口还在不断地增加。我们为什么不能尽快采取措施，化解一下北京、上海的压力。

城市的人口多了，从城市化的角度来讲是件好事。这可以让更多的人享受优越的城市生活，同时可以提高人们的素质。但是，现实的情况是，城市的生活并不像我们想象的那样好，没有住房，看病难、上学难，人口的整体素质没有提高反而下降。这是由于我们的城市没有科学的规划，城市的规模应该多大比较合适，城市的人口多少比较适宜，城市的人口居住如何安置，人口的素质如何教育培养。

我们主张城市的规模不要太大，城市的人口不要太多。适度的城市，安排适度的人口。如果城市的规模太大，会带来城市的供给系统过于臃肿、冗长的问题，不能有效运转，也不能有效管理。人口太多，会带来生活的保障系统出现问题。

如果城市的规模太大了，一定要想办法把城市弱化为几个独立的单元体系，适当地把城市的资源与人口分散出去。一个城市不能占尽所有的资源优势，这对其他的城市是不公平的，会造成整体城市的发展不均衡，会带来人口的剧烈震荡与流动。

我们看到有特色、有品质的城市，经常是中小城市，人们在中小城市生活，感到更加轻松快乐。城市的规模如果太大，人口太多，城市的特色、品质就很难控制了。

我们反对那些总是希望城市做大、做强的主张，城市的发展要有一个度，超过这个度，会产生负面的效应，物极必反就是这个道理。

我们主张城市的规模要适度，城市的人口要适量，所有城市的发展要有均衡的观念。

我们设想引入一个城市均等的概念，对城市进行一定的约束与规定。比如我们建立一个城市模块，或者是城市单元，让城市单元大小相等，城市必须这么大。按照城市的生存质量标准，控制城市单元的人口数量，不能太多，也不能太少。我们所说的城市单元不同于卫星城，也不同于像北京、上海远郊新建的城市新区，而是能够独立生活、就业，城市系统完善的城市，不再依赖其他城市。这就避免了如北京、上海远郊的城市新区生活的人，却仍然在北京、上海的老城区工作，这样带来了城市交通与自身生活的巨大不便。

城市单元的规模最好在30～100平方公里，人口30～100万。原来的城市人口都是30万左右，这样的城市交通比较舒适便利，人们之间的往来比较方便，人们的关系比较融洽，基本上通过某种关系，大家都熟悉了，城市里如果发生了大事小情，不用多长时间大家就都知道了。做了好事很快名声在外，做了坏事无处藏身。这样的城市凝聚力非常好，很容易形成共同认知的文化风尚，城市的特色也很容易形成。人口30万左右的城市生活是比较清晰、稳定的，大家不会过多地攀比与竞争，民风朴实、端正。如果城市有100万人口，城市最少要划分三个区域，三个区域之间要有一个核心的城市中心，把三个区域联系在一起，并有一个政府负责协调、管理三个区域的事情。城市里有了三个区域，不免会产生区域的界限，只要有了界限，人们就有了属地的认知感，人们之间会比较、竞争，不免会产生一定的矛盾与隔阂，这样城市的凝聚力会有所下降，但还具有一定的城市主流文化，城市的交通还算方便，人们的交往很多。如果城市人口有300～400万，就可能划分10个左右的区域，城市的管理会错综复杂，顾了东顾不了西，城市的交通有些长，人们的交往有了一定的难度，城市的总体平衡很难把握。城市的人表面具有大城市的优越感，实际上内心是很矛盾的，都有自己狭隘的小九九，造成城市的凝聚力是很涣散的。城市的事情开始没有人关注了，因为事情太多，除非爆发了特别大的事件，城市的主流文化也很难形成，因为天南地北的人开始多了起来。世界上人口超过400万的很少，欧洲也就五六个，美国三四个，亚洲最多。人口超过400万的城市，城市的交通都会出现问题，城市的秩序开始混乱，城市的地域文化风格比较弱了，城市的居住、学校、医院等开始紧张。

大城市在经济上具有竞争优势，因为资源雄厚，适合金融、商业。中、小城市在文化上具有竞争优势，因为中小城市的地域文化特色比较突出，适合搞特色的产业、旅游。

如果城市要大的话，不是将城市单元放大，而是建设更多的城市单元，城市单元之间有一个严格的界面，这个界面可以设置大片的公共景观及设施，使得各单元之间既相互联系又相对独立。我们曾经有一个设想，那就是把北京老城的周围，都做成大面积的公共景观及设施，使得老城与新城之间有一个清晰的界面。这样的话，北京的老城文化可以全面地保护，而不是像现在这样模糊不清了，城市的结构、肌理变得很混乱。

如果一个城市单元的人口太多了，必须建设新的城市单元进行分流。如果一个城市单元的人口太少了，我们想办法补充，给予政策上的安排。当然我们要对城市单元的品质进行评估，如果品质太差了，就没有存在的必要，比如我们见过的没有人烟的鬼城。

城市的基本单元与基本人口搞好了，我们就想办法减少城市间的差距。比如一个城市单元的作用不能太大，资源的优势不能太多，尽量均摊、优化，使得每一个城市各有优势。如果一个城市单元太落后，我们应该想办法在政策、经济、资源上给予倾斜。

同时，在一座城市中，也要进行资源整合。例如，在城市中，有的人住房紧张，不够用，而有的人住房相当的富裕，闲置着许多的房屋没人住，这就造成资源的严重浪费。城市应该在管理上给予限定，甚至在经济上采取惩罚措施。

我们不得不提出城市住房的优化理论，这就是，如果你到了一个新城市有了住房，必须把原来的房子让给别人，绝不能闲置住房。还有的就是，城市的住房要有一定的标准，每个人应该有多少住房的面积，如果超标了，必须有一定的政策限制。如果有的人囤积几套住房，闲置不用，只为了投资买卖，问题就严重了，必须要处理，这样城市的住房条件会得到改善，房价也不会太高。并且实行住房终身的跟踪制度，了解住房的有效利用。地球的资源有限，如果我们总是肆无忌惮地浪费资源，总有一天资源会枯竭，到那时我们怎么办？

有一件事情值得深思，那就是新中国成立之初，中国的人口也就6亿，人们住的房子，基本上是1到3层的房子，很少有4层以上的楼房。现在的中国人口说多了有16亿，那就是我们只要盖5到6层的房子就够住了。而事实并不这样，城市的住房非常紧张，即使住房高达几十层，还是不够住，而且房价被抬得虚高。这是因为城市人口增长得太快了，而增长的部分主要是外来人口（从其他的城市或农村来的），这就造成城市的住房资源严重的紧张缺失。而这些外来人口原来的房子经常就没有人住了，出现极度的闲置现象，在农村尤其严重。这就造成一些城市的房子紧张，而一些城市或农村的住房闲置没有人住。

我们在北京、上海这样的大城市，一方面看到住房紧张，而另一方面发现有很多的房子闲置。这是为什么呢？这是因为有些人囤积住房进行投资、买卖。住房可以说是人们的生命线，如果可能，住房一定要相对的平均，如果谁要占有得太多，必然有人没地方住，必然导致房价只升不降。

城市人口多，并不是问题，关键在于人们有住的地方，社会的保障系统要完善。

　　　　　　　难以承受的城市人口与人文精神

同时城市要高效地利用土地资源。因为我们看到城市无序地生长，有的地方用地十分紧张，而有的地方用地十分浪费、宽松。我们试想一下，为什么日本人多、地少，生活、经济却解决得好。而类似的一些国家就很糟。为什么美国、人少地多，生活经济很好，而许多人少、地多的国家就不行。你会说，地理、气候等特征不同，会造成一些差距。我不同意，如果是这样的话，美国的拉斯维加斯应该不存在。事在人为，中国的城市与生活过去不行，现在为什么好了，这是很说明道理的。只要人们认真地对待城市，认真地对待生活，总是有办法的。

我们还是要提一下，为什么老北京城的格局那么均匀密布，人们的生活安排得井井有条，因为城市的规模是限定的，城市的居住模式也限定了人口的无序增长。当然后来，老北京城乱了，这是由于城市无限地放大，城市人口无限地增多，城市原有的模式、人口结构被打乱了。

城市的规模要控制，城市人口要有效地疏导，进行有计划的安排。

城市的人口太多，不仅影响城市的生存质量，影响城市的品质，而且影响城市具有地域文化特色的人文精神。

近年来，城市具有地域特色的人文精神不断地消失，让人感到十分的痛心。

造成城市人文精神丧失的主要原因，一方面是由于城市的外来人口过多，对城市传统的文化精神产生了巨大的冲击及弱化作用，同时城市没有很好地把外来人口融入城市，进行必要的管理、宣传教育，使得外来人口不知道城市的文明、道德、秩序的一些规定与法则，因此城市的文明、道德出现了品质下降的趋势，城市的各种秩序不断地被打乱，最明显的现象出现在交通上，我们看到多数的外来人口，不知道怎样看交通标识、红绿灯，经常出现乱行、抢行、逆行的事情，造成很多交通隐患，也有些人明目张胆、知法犯法地违反交通规则。由于城市人口过多，不得不改变城市原有的居住状态，但这种改变不是积极的，有计划性的，而是通过住房的商品化与城市的拆迁改造。正因为如此，城市的居住状态发生了巨大的变化，使得城市原有的人文居住状态彻底地弱化或解体。住房的商品化，使得没有任何关联的人住在了一起，而住房的拆迁、改造，把过去有关联的人彻底地拆散。城市的居住人文精神，出现了狭隘、自私、冷淡、互不信任的局面。城市的人们从此失去了向心力、凝聚力，城市的主流文化精神也没有了。

我们看到北京、上海这样的大城市，地方色彩的语言、人情世故、生活习俗、文化情趣逐步消失。我们已经很难分清哪些人是地道的北京人、上海人。由于城市人口太多，鱼目混珠，有一部分人能够遵循、尊重城市已有的秩序与美德，小心翼翼地适应并融入城市的生活。而有一部分人，根本不知道、不在乎或者不尊重、不知道城市的规矩，比如随意地违反法律、交通规则，不能文明礼貌地待人，随地扔垃圾、吐痰，等等。这种行为已经深深影响并扩散到整个城市。也许是现在的社会风气不好，不是正气压倒邪气，而是歪风邪气盛行，城市可贵的人文精神岌岌可危。

由于城市的人口太多，这种原因，我们会看到城市各种非法的事情不断发生，犯罪率在上升。各种情况造成了人们对城市人口素质与城市品质的怀疑态度，人们感到城市人像暴发户，表面不错，内涵却很差。

由于城市人口的增加，而城市不能满足他们的需求。我们的城市出现了生存资源非常紧张的局面，住房、就业、医疗、教育都很成问题，城市的原住民不满意，外来的人也不满意。

我们呼吁一定要加强对人口的管理、教育与培训，让他们知道在城市真正的品质与可贵的精神是什么，如何文明礼貌，如何遵守国家、社会、城市的法律以及道德规范，如何关爱城市的形象，显示出城市人真正的素质。同时培养他们的生存技能，而不能囫囵吞枣，或不管不问，任由城市的形象被搞得乌七八糟。有人说，北京更像大农村，缺少城市应具有的秩序与美德，城市的表面很繁华发达，而城市的品质、人口素质在下降。

我们认为一座城市发展要尽可能地继承或发扬城市的传统文化

精神，这样才能够保证城市特色的文化品质与精神。城市的居民要安居乐业、幸福快乐，才能具有主人翁的精神，才能关心、爱护城市。

我们为什么轻易地就把一些老街区、老建筑拆了，把曾经住在这里的人也迁移了。城市曾经的历史积淀没有了，原住民的文化也没有了。这些人流落到城市的各个角落，虽然还在城市中，但他们曾经熟悉的生活没有了。我曾经参与了前门大街更新保护的工作，由于这里的原住民大多数都迁移了，许多历史上的典故、故事，我们很难找到人问清楚。我们有些奇怪，没有人知情的历史，还是历史吗？还叫历史保护吗？

在这方面，我们看到日本的京都做得很好，很多的原住民还生活在原地，政府给予他们一定的补贴，前提是他们也要自觉地维护街区的古色、古韵。如果做不到，政府将收回国有。如果你在京都漫步，仍能感受到浓烈的地方人文气息。

我曾经很奇怪，为什么现在的人们愿意抛家舍业地奔走四方，迫不得已，还是欲望的驱使。为什么现在的人都不热爱自己的故乡，即使在城市有了地位，有了财富，还是不满足。不以家乡为荣，反而看不起曾经生他、养他的故乡，而到一个不属于他的地方，是人心的涣散，还是城市人文精神的彻底堕落。

我曾经到过自认为应该很富有的城市，山西的大同。因为这座城市有丰富的煤矿资源。但是我同当地的政府及当地人接触发现，城市并不富有。为什么呢？通过煤矿致富的人都走了，对城市不愿作出任何贡献就走了。这些富人带着财富到了其他的城市投资、生活。这是很奇怪的事，财富是当地城市共有的，却没有造福于当地的民众，这是一个很费解的问题，这与城市的管理、监控、政策有很大关系，肥水不流外人田，这是天经地义的事，要走可以，必须对地方有个交代、说法，而且我们听说，这些人的财富大多采取不正当的手段取得的，因为国家政策有很多漏洞。也许心里不安，一走了之。这同许多的人有了财富跑到国外一样的道理，令人痛心不已。

传统的城市、传统的人可不是这样的，他们都是一方水土一方人，无论怎样艰苦，都是家好，以此为荣，想尽办法为家乡作贡献。即使升了官、发了财，人们也要衣锦还乡、荣归故里，好东西尽量地往家里拿，城市愈发的丰满，有情趣、有特色。何况财富就是在家乡得到的，更应该为家乡有所作为。

现在的人们变了，没有故土的眷恋，喜欢背井离乡，这山望着那山高。而实际上他们认为所谓的城市，生活的并不怎么样，非常孤独落寞，没有家的感觉。由于人口的频繁流动，没有带来城市总体的平衡发展，反而造成城市的水平愈发不均衡，好得更好，差的更差。

我们慨叹现在的城市人文精神怎么了，非常复杂、混乱，以至于我们搞不清楚城市应该坚持什么，保护什么？

由于城市人文精神的丧失，没有了地域文化差别的感觉，同时我们也没有了家的感觉。我们不知道自己的根在哪里，我们更不知道自己的归宿在哪里。

我们都知道，过去的农村相安无事，过去的城市相安无事。即使交流往来，也是各有所长，人们始终为自己的故乡而骄傲。各有各的活法，各有各的特色，营造出不同特色的城市与生活，创造了很浓郁的地域文化氛围。

但是现在的城市给人一种漂浮不定的感觉，没有稳定感、安全感。有时感觉自己是城市的主人，但是我们说不清楚因何是城市的主人，我们不知道城市的风俗习惯是什么！我们只有城市的户口，证明我们是属于这个城市，其他的都不能保证了。

我们欢迎城市保持开放、包容的态度，使得更多的人可以快乐地在城市中生活。但是，城市一定要合理地保证人们居住、工作、医疗、教育的权利。

我们看到世界范围的城市如此相同，地域人文的特色正在消失，亚洲的、欧洲的、美洲的特色逐渐消退，特色的生活趣味、人情味、精神面貌都不存在了。

城市居住的邻里关系

城市居住的邻里关系

　　城市居住的邻里关系，主要是由居住文化决定的。居住文化主要是由居住形态与生活习惯构成。

　　中国的居住形态，主要是以院落的形式组成的，大院、小院，以联排或独栋的方式。在西方是联排的住宅很多，联排的院落就很少了，即使有院落也经常是独栋的。中国的居住形态，说明中国人喜欢群居，而且要挨得很近，亲密无间，有着开放、好客的姿态。而西方更喜欢独立的院落，城堡、别墅都是西方人居住的特点，自我、隐私的特点很浓厚。

　　最早的中国居住院落是家族式的，就是以家族为生活单元的方式，一个大的或小的院落住着一个家族的几代人，四世同堂的都有。随着家族的兴旺，枝繁叶茂，一些家族的成员不得不分离出去，组成新的家族式生活。有许多的村落，过去都是由一个家族派生出来的。

　　随着时代的发展，在农村，家族式的生活方式还存在一些，在城市中却很少了。这是由于城市的居住形态无法满足家族式的生活需求，人们不得已改变这种生活模式。同时城市居民的观念更自由开放，喜欢独立的生活，不愿受到家族式生活的束缚。

随着家族式生活在城市中的瓦解，城市的居住模式变成了没有任何血缘关系的人，可以相邻而住，这就出现了邻里关系（农村也有邻里关系，但都是近亲，我们就不强调了）。由于住得很近，人们低头不见、抬头见，开始熟悉起来。感觉要好的邻居，开始亲热起来，频繁地交流往来，让人们有了远亲不如近邻的亲密感、安全感。这时的邻居，是独门独户或独门独院的。

在中国的城市，有一段时间，产生了一种非常新颖的邻里关系生活模式。

20世纪中后期，在中国的城市出现了独树一帜的院落居住文化，不同于过去的一家一户或几家几户的小院，这些院落都叫大院。大院里的家庭，少则几十户，多则几百户、几千户，人口达到几万、几十万的规模。

这些大院的特点是，都以政府部门、单位、企业划分的，如中央国务院大院、市委大院、部委大院、军队大院、工厂大院等等。

住在大院的人，基本上属于相关的单位、企业，因此大家很熟悉，大家的生活内容也基本相同。

在大院里，人们空闲下来，有事儿没事儿，喜欢串串门、聊聊天，无论是家中有没有人，有没有事先打招呼，邻居可能随时都到，没那么多礼貌讲究。

如果你串门，正赶上那家正在吃饭，别客气，坐下来吃就是了，只是不要挑三拣四。

如果你家缺什么柴米油盐一类的东西，尽管开口向邻居借，邻居非常热情地给你所需，还会问你够不够用。最后还会说，"常来，别客气！"

如果你要出门，可以把钥匙放在邻居家，甚至老人、小孩也可以托付给邻居照顾，放心地走。回来后，家里安然无事。你会看到邻居把你的家打理得更好，老人、孩子照顾得更好。你不必虚情假意的谢谢，绝对可以心安理得。

如果你的生活有了困难，邻居知道了，会主动地帮助你，还会告诉全院的人都来帮助你。如果还解决不了问题，邻居们会向组织汇报，让组织来解决。你会感动的不知如何是好，但是大恩不言谢，这是规矩。

那时，在大院里生活的孩子们非常的快乐、幸福，所有的爷爷奶奶、叔叔阿姨对你都好，把你当作自己的孩子。大院里有什么游戏，孩子们一起玩儿，有什么活动，一起参加。

那时，大院里下班、放学后，是最热闹的景象，孩子们在一起尽情地玩儿，玩儿到天黑、吃饭的时候，还有的在玩儿。孩子们玩儿的都是不花钱的游戏与活动，但他们很快乐。大人们都在下棋、打扑克、聊天。人们真的很放松，因为回家后，没有人再聊学习、工作的事情，聊的是家长里短的事情。因为人们经常地走动、交流，谁家的事情都一清二楚，彼此之间非常的敞亮、明镜，没有任何隐藏、回避的事情。

邻里之情，有时胜于亲情、友情，是更加亲密的一种关系，中国有句古话："远亲不如近邻"。

过去的"大院"、"小院"生活，使我们有一种集体的温暖，使我们有一种归属感，使我们有一种与集体荣辱与共的责任感。说是一个集体，更像一个大家庭。

在大院中，我们都有自己的发儿小，有着一起玩尿泥、撒娇的经历。都有几乎每天黏在一起玩游戏、调皮捣蛋、学习成长的少年伙伴。都有一起谈情说爱、畅想未来的朋友。大院里没有秘密，谁的家庭怎么样，谁的优缺点如何，都了如指掌，每个人的生活习惯也略知二三，谁干了坏事，谁干了好事，谁工作了，谁考上大学了，谁当兵了，谁谈恋爱了，谁娶媳妇或嫁人了，院里的人很快知道了。童言无忌、两小无猜、青梅竹马、伙伴朋友多的是。那时人们的关系亲密无间，有着说不尽的话，了不了的情，有着难以忘怀的美好时光。

现代的城市里，由于城市建设的需要，许多大院、小院被拆除了，除了有条件的单位或政府计划安排的居住区，相同工作性质或熟悉的人还可以住在一起，其他的人忽然四散而去，各奔东西，令人伤心。也许大家还联系，因为是邻居、朋友、伙伴，但是没有了往日亲密的、热闹的、熟悉的，大院、小院生活场景。这也许是城市历史一个时代的结束。张三、李四，再见了！王大爷、李大妈，再见了！曾经的伙伴、朋友、暗恋的人，再见了！曾经热闹非凡的院落生活，再见了！……

随着大院、小院的拆除，随着一些老街区的拆除，曾经特色的原住民文化也随之消失了。

我们看看现在的城市居住区，由于商品化的结果，居住区里面住的人，都是通过商品房的买卖聚集到一起的。大家彼此都非常不了解，甚至邻居都没有往来，即使见面，也是无奈的示意一下，根本没有什么交流。

在新的居住区里，除了老人有时一起听着音乐、跳着舞，高高兴兴的。孩子们、青年人、中年人很少往来，大家陌生得像路人一样。

还有一个原因使得大家很少交流，那就是现在的成年人工作忙，学生们学习忙，空闲的时间越来越少，大家接触、交流的机会也很少。

人们现在的生活观念非常注意隐私，不再表现开放、热情的姿态，非常的封闭自我。从而造成了人们互相防范的心理，也造成了人们不愿意交流往来。

现在的住宅都是高层的，人们下来一趟很辛苦，很多人宁愿待在家里。人们在公共场合见面的机会就少了，自然产生陌生的隔阂。

通过以上，我们发现现在居住区的人群特征、工作学习的忙碌、隐私的保护等原因，使得人们的关系越来越疏远，根本无法形成有共性的居住文化取向。

如何改变居住区人情淡薄、人心涣散的局面，使得居住区重现团结、热情的人性，具有集体的归属感。

我们认为可以从以下几个方面尝试一下：

居住区可以成立居民委员会，委员会的作用不是只做通知、传达指示的事情，而是要举办大量的活动，让尽可能多的人参加，拉近人们的距离与归属感。在这之前，委员会要适当地了解住户们的基本情况，找出一些有活动能力的人，然后商量一下活动的可能性，举办唱歌、跳舞、诗歌等文艺性的活动，举办篮球、足球、羽毛球、乒乓球、爬山等体育活动，也可以联系社会，举办一些社会活动。

居住区最好有一些公共活动设施，如图书馆、游泳馆、健身馆、篮球场地、广场等，创造人们接触、交流的机会。

如果有可能，社会要有相关的部门到住户家中，了解人们的居住状况与思想情绪动态，这不需要什么政治目的，只是关心一下居民，看社会能够提供什么咨询与帮助。

经过各方面的努力，我相信人们会更多地了解彼此，人们之间的感情会加深，人们会感受到集体大家庭的温暖，居住区会具有浓郁的人文气息。

城市的情感、信仰

城市的情感、信仰

人们的生活，不仅仅是物质的需求，还有精神的需求。

人们精神的需求主要是情感与信仰。

人们的情感是复杂的，有时情感还默默地隐藏起来，让我们看不见、摸不着，以至于我们无法把人们的情感真正全部表述出来。

在现实生活中，我们认为人们情感的表达方式主要是亲情、友情、爱情。

亲情是与生俱来的一种情感，主要在家庭与亲戚之间传递，是一种血脉关系、骨肉之情。亲情不论你承认与否，都天然地存在，永远无法割舍。无论你是在天涯海角，亲情永远伴随着你。亲情是情感的基础，如果你不爱你的亲人，何以爱别人，推己及人。亲人主要是父母、兄弟姐妹，这是你最亲近的人。亲人还会有祖父、祖母、叔伯、姑姑、舅舅、姨，按照血缘关系、传统的习惯，这也是你非常亲近的人。你还会有远房的亲戚，可能亲近，也可能疏远，显得很不重要了，就如俗话说：远亲不如近邻。

179

友情是亲情之外的一种感情，这种感情是在友谊的基础上建立起来的。友情的存在，使你得到亲情之外的信任、理解、依靠，人们经常说，在家靠父母、出门靠朋友就是这个道理，好的朋友会为你两肋插刀、赴汤蹈火。好客的人、善谈、喜欢交流的人，朋友很多。喜欢吃喝的人，朋友也很多，但人们经常说这种朋友靠不住，是酒肉朋友。正常的朋友关系，与你生活的阅历与成长的环境有关，人们经常说：阅人无数，近人无数，朋友几何？朋友的最高境界是诤友、知己，但经常是可遇不可求。很多的朋友，如过往烟云，时间长了，淡了、散了，甚至忘却，成为人生的过客。有一些朋友，知人知面不知心，很令人揣摩。有一些朋友，完全是因场合、面子、功利的关系而形成。最好的朋友，总是与你心心相印，经常地互相鼓励支持，互相惦念、你来我往，无话不谈。真正的朋友，让你终身受益。

爱情是你与异性之间纯洁、高尚的感情，有人说是神圣的。爱情是有别于亲情、友情的一种特殊感情，甚至胜于亲情与友情。亲情常在，友情处处可循，爱情却非常难得，从严肃、认真、道德的角度上看，人们的一生可能只有一次爱情。爱情的结果可能是甜蜜的、浪漫的、幸福的，也可能是痛苦的、枯燥的、乏味的，人们也许现在都搞不懂爱情的"情"字为何物。

我们为什么还要谈亲情、友情、爱情这样老生常谈的话题，因为我们这个时代，情感正在冷漠、暗淡，真正的情感正在遭到践踏。

人们的精神依托除了情感，还有信仰。信仰是完全超脱情感的一种寄托，在信仰面前，没有亲情、友情、爱情之分，更多的是无私无欲的奉献、终生不渝的坚持，甚至不惜牺牲自己的生命，信仰绝对是崇高的、伟大的精神境界。信仰经常是以宗教的形式出现，或者是思想、理想、主义一类的追求。

现在这个时代，很多人没有信仰了。即使有，也是宗教的色彩比较浓。既然是宗教，有的人信，有的人不信。而且宗教不是唯一的，有各种各样的宗教，有民族的、地域的、有政教合一的，有政教分离的。由于人们信仰的宗教不同，造成文化、生活习惯的不同，人们之间会有不同的观念，会产生矛盾和冲突。而且有的宗教非常极端自我、排斥异己，产生难以理解的敌对矛盾。

目前的世界信仰是不同的，国家的信仰也不同，城市的信仰也不同。我们因此很难说，哪些信仰是正确的，哪些信仰值得怀疑。我们多么希望，人们有共同的信仰，那就是造福社会，造福人类，共同快乐、幸福。

情感应该是真挚的，信仰应该是纯粹高尚的。但是，在现实的生活中，我们有时做不到，我们会突破情感、信仰原则的底线，做出非常不道德、没有原则的事情，让我们感到人性的堕落与恶劣，让我们对情感、信仰产生怀疑，甚至亵渎情感，丧失信仰。

在这个时代，我们发现人们的情感越来愈淡泊无味，尤其在城市中，情感成为人们无法抚平的伤痛。

人们可以找出各种原因，说出人们的情感为什么失落。

人们会说，大家生存的压力太大了，不得不拼命地忙碌，因而没有时间去弥补情感的缺失。

人们会说，长期自私、自我的社会状态，使人们不愿交往、交流，袒露心声、真情告白。

人们会说，现在的城市，得不到任何的关注与关怀，甚至帮助都没有。集体的分崩离析，使得集体主义精神也不存在了，人们四散而去。除了自我的保护与担忧以外，根本顾不上许多。

也有的人会说，现在的通讯、互联网、媒体太发达，人们很容易交流，人们懒得见面了。其实面对面的接触，才是对情感的尊重，因为人的音容笑貌、一举一动，才是情感的真正内涵，才是活生生的人生，我们为什么活在一个虚拟的网络、通信世界，只见文字，听到声音，而见不到人，我们的生活太不真实了。

我们不得不注意到，由于各种原因，人们的情感由责任放松到义务，由义务变得麻木不仁。我们与亲人们见面少了，与朋友见面少了，甚至与爱人见面也少了。

即使我们与亲人见面，更多的是敷衍了事，心里想的都是自己的事。即使我们同朋友见面，更多的是有事相求，目的不纯。与恋人见面，更多的目的是谈婚论嫁，很少有浪漫、温馨，没有互相支持、共同进步的理想信念，甚至共同语言都没有，这就注定了许多的爱情婚姻结局不是问心无愧的。

亲情的淡薄，最最痛楚的莫过于老人，老人辛辛苦苦了一辈子，培养儿女，维系家庭。到老的时候，该享清福的时候，得不到关怀。甚至有些老人在家中去世了多日，都无人问津，让人真感到世间的人情冷酷无情。

朋友间的往来，很不轻松。好不容易见面了，多是互相恭维的话题，升官了吗？发财了吗？而家庭、工作的酸甜苦辣不再关心了，更多的是虚荣、攀比。

在同学聚会的时候，开始大家很高兴，甚至有些激动不已。当开始吃喝，真正交流起来，多是社会上俗不可耐的事情，或者说的话多是冠冕堂皇，模棱两可，大家彼此心照不宣。大家四散而去的时候，才发现许多同学没说过话，这些年怎么样都不知道。这样的聚会，有点像同客户吃饭。

现在的爱情，非常的功利，主要是看对方的条件。所谓的条件，不是生理的、精神上的，主要看对方的地位、收入实力、财产状况。地位高的、收入高的、有房、有车的，就认为高人一等。社会开始流传了"高富帅"、"白富美"的说法，为男女婚姻的对象立了标准。甚至有些人，高价举行"选美"，居然应者云集。人们浅薄的爱情观、价值观，已经厚颜无耻地昭然天下。

爱情的目标是走进婚姻的殿堂，使得有情人终成眷属。婚姻是非常高尚、严肃认真的事情。中国有一句老话：宁拆十座庙，不毁一桩婚，主要的目的是告诫人们要珍惜婚姻，珍惜自己的，更要珍惜别人的。我们经常祝福新婚的人，百年好合、白头到老，是期待婚姻的稳固与永恒。

现在的城市里，离婚率明显上升，在北京这样的大城市，离婚率竟然高达39%。随着有关离婚的消息不绝于耳，甚至昔日的亲朋好友也走进离婚的队伍，我们不仅感慨万分，这是什么时代，婚姻的严肃性、可靠性与必要性还存在吗？离婚变成家常便饭一样的容易，是不是有悖道德、情理？难道人们不相信爱情了，难道人们不喜欢家庭的温馨与甜蜜。难道人们对婚姻有了新的价值观，人们有了新的生活宿求？

现在的人们对离婚采取了越来越包容的态度，认为离就离了，好合好散。就是离婚的当事人，也不觉得离婚是见不得人的事情，不必过分紧张不安、痛苦万分。

我们听到的、看到的离婚的人越来越多，逐步让我们感到离婚是很普遍的事情，不会像过去那样遭到猜忌、谴责。

大部分离婚的人，离婚的理由主要是因为感情不和。我们很奇怪，很多人因为感情好走到一起的，最后却因为感情不和分开了，似乎有一些说不通。这说明人的感情是说不清楚的，人的感情是善变的。而且我们都知道，恋爱时的感情最好，搞得轰轰烈烈的，一日不见，如隔三秋。但随着进入了婚姻，一切从高潮开始回落到低潮，归于平淡。

我们经常说，平淡是真。其实真正的生活就是平淡，平淡是最真实的自我。如果不甘于平淡，要求的太多，那就不好办了。快乐、幸福的时光，令人喜欢、回味，但毕竟不是生活的全部，而且是少数。

作家张爱玲说过：只见白头偕老，不见恩爱如初。可见爱情是多么的难能可贵。

俄国作家托尔斯泰在他的书《安娜.卡列尼娜》中写道：幸福的家庭都是相似的，不幸的家庭各有各的不同。我们是不是可以这样理解，幸福的家庭生活应该是正常的，没有太多的波澜起伏。而不幸的家庭生活是不正常的，充满着不和谐的矛盾。平淡的生活其实是最为正常的生活，人们的欲望、需求要适可而止，安稳地过日子多好。

幸福的家庭很多吗？如果我们对生活的要求不太高，幸福的家庭应该是很多的。正是因为幸福家庭的存在，社会才稳定，人类才能生生不息地繁衍。如果我们对生活要求得太高，幸福的家庭就少了。我曾经看到一篇文章里有这样的内容，说是美国的一名科学家指出，真正幸福美满的婚姻只有2%或更少，大部分的婚姻很平淡，还有一部分婚姻糟透了。通过这名美国科学家的言论，我们是否应该理性地看待婚姻的问题，如果过于苛求婚姻的所谓幸福，大部分家庭处于不稳定、不幸福的状态。目前看来，好在大多数的人保持婚姻的稳定性，努力维系、热爱家庭，从中找到了哪怕一丝的快乐与幸福，为家庭的存在感到欣慰。

婚姻的不稳定，离婚率的上升，与人们的观念、行为大有关系，与社会风气的影响脱不了干系。我们如何确立正确的婚姻观，社会加以认真、严肃地引导，是非常必要的。

说了情感的一些事，下面我们谈谈人们的信仰。

在新中国生活的人，曾经都有信仰，那就是爱国主义、英雄主义、共产主义。为了爱国主义，我们曾经义不容辞地到祖国最需要的地方去，让干啥，就干啥，任劳任怨，甘洒热血，祖国、人民、集体的利益高于一切。为了英雄主义，我们的心中有了无数个英雄，英雄的光荣事迹激励着我们艰苦朴素、先人后己、舍己忘生、前赴后继，生的伟大、死的光荣，我们的生命有了意义，有了榜样的力量。中国的女排曾经是我们的英雄，"女排精神"至今令我们振奋。为了共产主义，我们曾经要奋斗终生。

如今的中国，爱国主义没有人谈了，各种媒体也很少谈起，媒体更关心经济，关心八卦的事情。曾经的英雄们，有时会让我们记起，但大部分时间，我们把他们忘却了。即使偶尔也有英雄的出现，由于宣传的力度不够，民众的认同感不强，很快如昙花一现般消失。

很多的成年人，心目中已经没有英雄。孩子们心目中的英雄很多，但多是动画里的奥特曼、机器人，而不是栩栩如生的人物。现实的社会中，人们经常把富有的人、明星大腕奉为成功的典范，但这些人的身上只有名利，而没有人性真善美的精神。

由于世界高度的经济化、物质化，我们更多关注务实的索取与享受，为此不惜牺牲可贵的人文精神。我们曾经鲜明的做人立场与原则，不知为什么就放弃了，我们曾经持之以恒的信仰，不再相信了，坚持了。我们逐步丧失人性是非曲直的判断，我们开始怀疑信仰的伟大意义何在。

我们逐步地发现作一个真正高尚的人很难，经常会遇到别人的不解与嘲讽。我们大谈信仰，但发现无人响应。

我们多么希望伟人的出现，希望英雄的出现，重塑我们的社会，重塑我们的人生。然而，这个时代没有伟人，英雄也没有，甚至伟大的政治家、科学家、艺术家、文学家都没有。

没有人性的可贵精神可以吗？没有信仰可以吗？可以！生活得可能也不错。但是，我们发现人性正在迷茫，并且荒唐地堕落，不可救药。没有了信仰，社会的凝聚力不存在了，集体的温暖不存在了，社会一盘散沙，每个人都变成了孤独的自我。我们彼此拉开了距离，变得陌生与冷漠，不得不小心翼翼地防范每一个人，变成了势不两立的对手或敌人。

情感是人们互相关心爱护、交流、维系关系的重要方式，如果人与人之间的情感变得淡薄，人们的接触就少，互相了解、倾诉感情的机会就少，彼此无法得到理解与信任。信仰是人们思想道德、行为目的的准则，如果人们没有了信仰，只能变得自我、狭隘，一切从自己的感受与需要出发，不考虑社会共同的利益。如果这样的话，社会公德就不存在了，道德思想一片混乱，社会共同的目标也不存在了。

　　20世纪60年代，美国出现了规划历史上一位重要的人物——简·雅各布斯，她的《美国大城市的生与死》针对人们的情感交流，提出了自己的规划思想：一、城市要多样性；二、关注街道；三、反对大规模建设。

　　美国作家米切尔·卡尔泰夫人，针对工业革命的人类生活结构变化所产生的恶果进行了有力地剖析和鞭挞，写就了《寂寞的春天》一书，指出了城市人们之间感情的交流与释放的窘境，同样令美国规划界乃至美国朝野震动。

　　我们的生活正在走向没有情感的时代，我们的信仰正在动摇，或者已经放弃，根本迷失了方向。没有情感、信仰的世界，让我们非常地担忧、恐惧。我们的感情与信仰到哪儿去了。我们似乎只懂得索取金钱，贪图物质的享受，甚至成了金钱、物质的奴隶，完全丧失了人性。

　　人们生活最重要的问题首先是生存，但我们的生存不是孤立单纯的物质需求，我们同时需要感情依赖与支撑，才是有血有肉的人生，我们需要高尚的精神，才能使得我们变得更加进步、完善，具有至高无上的美德，具有智慧、文明的创造力。

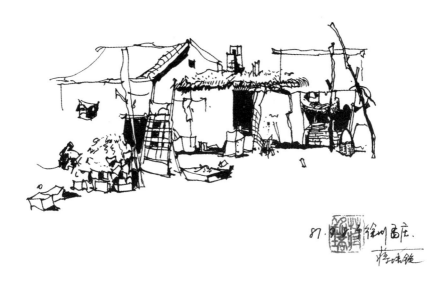

　　　　　　　　　城市的情感、信仰

城市的教育

城市的教育

我们所说的城市的教育，不是为了传播知识而进行的学校教育。我们所说的城市的教育，是对社会公众的教育。让人们知道如何做人、做事，树立正确的人生观。至于做人，就是让人们知道做人应该具有什么样的修养、美德，能够严于自律。至于做事，就是让人们知道做事的规矩，什么是对的，什么是错的，应该如何遵守国家的法律、社会的秩序。

以前社会的教育是政府的事，政府对社会的教育具有强烈的责任感。我们都经历过或知道那些年代，政府频繁地对人们进行政治思想、品德的教育工作，媒体也是紧跟政府、集体进行宣传、引导。因此，无论什么时候，我们都知道社会提倡的主流风尚是什么，我们应该学习什么，如何去学，应该追求什么，如何去追求，应该具有什么样的高尚品德，如何去具有。

现在的社会的教育，政府逐步放松了。因为，曾经那些年代的社会教育，过于政治化，给人们的心灵造成了很大的创伤。一提到对公众的教育，人们就非常敏感、烦躁，想起"文革"那个时代。媒体更是玩起了经济、娱乐、休闲、享受。

政府逐步放松了对社会的教育，等于失去了担负社会的责任。那么，谁来承担社会的教育责任呢？我们发现学校做不到，企业做不到，个人更做不到。

我们只能说社会的教育责任暂时处于真空状态。由于这种状态，社会的风气极端混乱、污浊，人们无法明辨是非、黑白，人们不知道什么样的人是高尚的，什么样的人是龌龊的。人们失去了组织性、纪律性，对社会的法律茫然无知，对社会的秩序不管不顾。

社会人文混乱不堪的局面，在城市中显得尤其恶劣，让人无法忍受、怒不可遏。但是人们无可奈何，只能消极地忍让，听之任之。

我们看到现在的城市，人们的文明度、诚信度急剧地下降，道德规范的底线频繁被击破，社会的公共秩序不断被扰乱，等等。不得不让人们惊呼，现在的人们怎么了？是那么难缠，缺乏教养，很难引导与管理。

我们看到在城市中不文明的人比比皆是，不以为耻，反以为荣，逞英雄、耍蛮横。你会在大街上看到有人随地扔垃圾、吐痰，你会看到赤膊上阵或衣衫褴褛、蓬头垢面的人招摇过市，你会看到旅游景点人们乱写乱画的痕迹，你还会看到打公交司机的新闻……开始你会感到十分的惊讶，后来你发现情况已经十分普遍，你也就熟视无睹了。

人们的不文明举动，严重地影响了城市的美好形象，损害了城市的品质。更有甚者，有损人格、国格。

城市的诚信丧失，我们会听到、看到，一些人为了所谓的利益，招摇撞骗、铤而走险、草菅人命，什么都干出来，制造假文凭、假证件、假烟、假酒、假药、婚姻造假、学术造假、新闻造假、工程造假、毒牛奶、毒馒头等等，不怕违反法律，危及人们的生命。使得社会的人们，惊恐万状，什么也不敢买，不敢相信别人。我们一直引以为自豪的信任感殿堂轰然倒塌，社会的公信力与安全感急剧地下降。

道德的沦丧，是城市中更加可怕的事情。道德在当下的城市中，被当作儿戏，不再是严肃、高尚的事情。施工的质量粗糙，刚刚建好的房屋、桥梁会倒塌，足协官员、运动员一起愚弄球迷，在足球场上频繁制造假球。大学的老师学术腐败或弄虚作假，中小学的老师侮辱、打骂学生，媒体上经常出现虚假的产品广告。医院里的医生，没有了治病救人的精神，甚至以拐卖儿童、开高价药牟取利益。工业企业随意排放有毒的气体、液体，给环境带来了严重的污染，危及人们的身体健康。政府的官员贪污腐败、以权谋私频繁曝光，等等，社会的责任感、奉献精神越来越差。

正常的城市社会秩序，不断地被某些人扰乱，比如人们买东西不能正常地排队，过马路的时候不遵守交通规则，不看标线、红绿灯，乱走乱闯，你会看到开车的人随意地抢行、夹塞，你会看到餐厅里有一些人大声喧哗、吆五喝六地旁若无人，甚至在禁烟的场所吸烟，在开会、看电影的时候打电话，随意在绿地里践踏，把一些吃喝剩下的东西乱扔一气。

如果城市的歪风邪气多了，并四处蔓延。是不是我们的人品有问题，是不是政府的教育、管理不够。人品包含先天的任性与后天的教育与修养，同时与政府的引导、社会的风气有关，我们以前过于追求政治思想的教育，而忽略了物质、经济的需求，而现在我们过于追求物质、经济，而放松了思想美德的教育。

我们看到现在城市里的人，野性十足，一副不管不顾的样子，经常脾气暴躁、不高兴。对旁边的人没有好脾气、好脸色，根本不懂得礼貌谦让，人性的丑陋面暴露无遗。难道我们的城市不开化吗？不是！难道人们不知道是非曲直、诚信正义吗！也不是！难道人们失去了真善美的人性吗？更不是！

我们的城市非常繁荣发达、开放自由，人们的眼界非常宽广，个性非常张扬。我们很清楚什么是正确的，什么是错误的。但是媒体的宣传，把人们引入了另一个方向，媒体过于注重名人、明星、成功有财富的人，过于宣传快速成功、致富的榜样，过于的娱乐庸俗，让人们误判了人生的价值观。人们的真善美还在，只不过是被社会不正常的风气扭曲了，人们发现提倡真善美会受到社会鄙视与嘲笑。

我们的城市教育，有些懈怠了，甚至完全丧失了。人们不知道正确的思想是什么，不知道人生的价值在哪里，不知道英雄的榜样在哪里，不知道真正的信仰何在，不知道爱国主义、集体主义、奉献精神的价值与意义在哪里。

如果人心涣散，迷失、迷离，人们不会有凝聚力、向心力，人们不知道前进的方向是什么，不知道人生的真正归宿在哪里。

从城市的交通秩序上看，就可以发现人们是如何的自我、自私自利，对社会不负责任，践踏社会的公共利益，肆无忌惮地挑战城市道德的底线。我们将这种人分为四类，第一类人是在城市道路上乱闯乱撞最多的，主要是那些骑电动车搞快递、运输的人，各个像勇猛的战士，在城市的道路上不管不问、旁若无人地飞驰，根本不看道路的标志线以及路口的红绿灯，行人、自行车，甚至汽车都要躲避，据说这样的人交通事故最多。第二类人，主要是开军车、开豪华汽车的人，经常在道路上随意地夹塞、并线、闯红灯，让人感觉有了特权、有了钱就可以无法无天。第三类人，主要是一小部分行走的人，他们走起路来，不看人、看车、看红绿灯，总是一副闲庭信步的样子，让所有人都忌惮万分，只能等他或她过去，因为人们不与他计较，关爱他的（她的）的生命。第四类人，主要是大部分行走的人，就是媒体上说的"中国式过马路"的那些人。

我们认为第一、二类人是少数的，但社会影响是极端恶劣的，而且容易引起许多事端，时间长了会起到很不好的带头作用，让更多的人效仿，必须严厉地管理与处罚，因为我们的道路上是有摄头的，看的应该很清楚，绝不能视而不见，任他们横行霸道。第三类人，必须管理教育，让他们知道城市的规矩，不是在他们家里，想怎么走就怎么走，必要的话做违章、诚信记录，如果屡教不改，必须严惩。第四类人，主要是教育的方式，但是不能放松管理，必须改变这种法不责众的现象，最好是警察教育管理，我们发现那些交通协管员根本无用。

我们虽然只是说交通的事情，其实社会其他的方面同样如此，反映出社会有一部分人，已经公然地破坏着社会的正常秩序，并且有恃无恐、习以为常，大多数人在看，如果不及时地严厉打击制止，就缺乏对社会的警示教育作用，必然会对社会造成巨大的影响与伤害。广大的民众会认为这个社会已经松散无序，该干什么干什么，无所谓。

政府对城市的现状应该很清楚，也许是没有重视，或没有找到很好的办法。但是，必须有所作为，最基本的是快速地进行宣传教育，而且要持之以恒地贯彻执行，绝不能形式主义。

在北京，我们看到有重要的活动、会议，社会秩序的管理力度必然加强，城市的秩序似乎好一些。但是过了这个阶段，一切恢复常态。在北京的街道上，我们很少看到警察了，这是因为城市的监控系统完善了，同时这样的做法似乎显得亲切和谐。但是，监视器似乎只是针对汽车或特殊的案件，而骑车、走路的人根本无法管。按规定，如果道路上有问题，警察应该很快来的，但是现实是有事情警察经常很迟才到。如果警力有限，做不到处处设防。我们希望多一些巡警，现在巡警也看不到了，只是交通高峰期偶尔看到他们不知从哪儿冒出来了，多处的交通路口都是协管员，这些人有执法的权力吗？而且他们经常与社会发生纠纷、矛盾，这也是中国城市特有的现象。

我们认为最重要的是政府要加强引导和教育，从基层做起，从偏远的地方做起，从小娃娃做起，深入人心地进行教育。让人们知道基本的社会公德水准，让人们知道如何守纪律，遵守社会的秩序，让人们知道丧失品德的严重性与危害性。

我们的城市已经进入非常现代的时代，但我们的人文道德水准在下降，非常落后。这同城市的教育与城市发展的侧重点有很大的关系，我们不能只鼓励人们追求物质享受、经济利益，而放松了对人们的文化修养、思想品德、精神信仰等要求。不要让我们的城市看起来，物质高度的发达，而文明程度极端的落后。城市的文明品质比什么都重要，这是一种气节，这是一种精神。

中国曾经具有优秀的传统与美德，我们曾多次自豪地称自己为礼仪之邦，文明古国。但是我们逐步放弃了优秀的传统与美德，对外来的文化，尤其是商业文化不加思考地通盘接受，严重地扭曲了人们的价值观。

我曾看到一则报道，大体内容说的是，法国一些权威人士，非常慨叹法国文学、艺术的衰落，很难再出现雨果、巴尔扎克、大仲马、小仲马、司汤达、莫泊桑等伟大的文学巨匠，很难再现莫奈、雷诺阿、罗丹等绘画艺术的辉煌，完全被美国现代的商业文化所统治。

我们要说的不只这些，贪婪的、享乐的商业文化氛围，使得人性的丑陋暴露无遗，失去了道德的规范，没有了人性的良知，没有了真善美的本性，失去了精神的寄托，失去了共同的信仰。

城市的教育，需要我们每个人共同努力，更重要的是政府的引导，媒体的宣传。现在的城市教育势在必行，否则城市的人文状态令人堪忧。

欲望城市

欲望城市

人们有各种欲望，欲望成为人们生活的一种动力。

人的欲望有的多，有的少，有的欲望很容易满足，有的欲望贪得无厌。有的欲望是物质的，有的欲望是精神的，物质的欲望会让人们生活得更好，也会让人们堕落，精神的欲望，经常与愿望、理想、信仰结合在一起，经常是可遇不可求的。但精神的欲望，让人感到更加充实，更加纯洁高尚，更容易让人们团结起来。

人的欲望太多不好，欲望实现了仍然不满足也不好，这可能使人不够专注，也可能使人利令智昏。

现在世界上没有一个真正的标准，人的物质状态与精神状态究竟怎样是可以的。这就造成了人们无止境地追求，永远地寻求改变，索取更多的需要。到头来人们经常慨叹，平淡是真，其实生活并不需要太多。过多的欲望使得人们精疲力竭，到人生的最后时刻，都不能平静地休息片刻，人们不禁后悔，得到的不少，失去的更多。

我听说过这样的一个故事，大概是这样的意思，一个富翁，问一个在海边垂钓的渔民，你在干嘛？渔民答道，出海捕鱼累了，休息一下钓鱼玩玩。富翁接着问道，你为什么不去捕捞更多的鱼，卖更多的钱，然后去买很多船，捕到更多的鱼，再赚更多的钱，建立一个船队，如此良性循环，甚至建立国际化的船业公司，这样的话你就可以过上富足的生活，不用风吹日晒的劳动了，空闲时间钓鱼。渔民想了又想，说道，我费那么多的精力与时间，结果还是追求我现在的状态，有何意义，富翁哑然。

这个故事告诉我们，人们应该学会满足，享受轻松愉快的生活，这是人性最根本的追求，是非常难得的生活境界。不论你得到多少，最终会回归到生活的本质，那就是你幸福吗？快乐吗？我们经常听到一句话，平淡是真，也许就是这个道理。我们有时候因为想得太多，要求太多，欲壑难填，把自己的生活搞得很复杂、很辛苦，心力交瘁，却忘记了自己真正需要的是什么。

我曾经看过一部美国的电影，片名是《上帝也疯狂》，说的是一个与世隔绝的原始部落，人们过着自由自在、朴实、纯真、亲切祥和的生活。有一天忽然受到外界的干扰，也就是一个飞行员把一个可口可乐瓶子扔到了部落的土地上。部落的人们非常惊讶好奇，但不知道何物，最终大家商量把可口可乐瓶子像神一样供奉起来。随着时间的推移，人们发现瓶子有使用的功能，家家都需要，于是开始你争我夺，产生了巨大的矛盾。人们的生活从此不平静，团结、祥和的生活

　　　　　　　　欲望城市

体系也被打乱，最后部落的族长，为了能够化解矛盾，派一个人把瓶子送走，可能是大海或者其他的地方。

于是，一个人从原始落后的部落出发，踏上了征程。在路上，他看到了不一样的世界，他看到了现代的汽车，以为是怪物，看到了战争，不知道怎么回事，身上中了枪，还以为被什么咬了一下。他看到了与他不一样的人，与他们交流，并真诚热心地帮助他们。他也看到了这些人之间不知为什么存在粗野的暴力行为，人们非常不友好。最终他和一群善良正义的人，共同铲除了邪恶的势力，同时也完成了族长交给的任务。

同时电影也穿插描述着现代城市的生活状态，城市的人们行色匆匆，工作也是紧张忙碌的场面，非常劳累、痛苦不堪，人与人的关系变得越来越复杂、龌龊。为了金钱、权利钩心斗角，拳脚相加，甚至发生了战争，互相杀戮。

影片似乎在说部落的落后与无知，但他们却取之自然，生之自然，过着简单、和睦相处的快乐生活。而城市貌似文明发达，物质生活条件优越，人们由于十分忙碌，却没有时间享受生活。同时城市里的人，为了权利斗争，正在互相谩骂攻击，甚全动用武装，发动战争，展开杀戮，显露着人性凶残暴力的一面。

通过一个故事、一部电影，也许我们知道了如何坦然地去生活，知道了人性原来很纯净、高尚。

然而，在现实的生活中，我们做不到坦然地面对生活，保持可贵的人性。无论科技多么进步，社会多么进步，我们做不到；无论社会是什么制度，我们做不到；无论人们参加什么党派，信仰什么宗教，我们也做不到；无论我们地位高低，我们做不到；无论我们是富有和穷困，做不到，为什么呢？因为人们不再具有平等、奉献的精神，更多的是想占有和支配别人，尤其现代社会崇尚的自由主义、个人之上，使得集体的凝聚力急剧地下降，不再有同甘共苦的奋斗、奉献精神。反而变得愈发地自私自利，变得互相疏远，变得没有同情与关怀。人们除了欲望，还是欲望，人们无法抵挡欲望的诱惑与驱使。

　　我们完全生活在一个商业化的时代，城市成为商业运转的机器，人们成为商业的奴隶。时代所崇尚的、城市所呈现的、人们所做的事情都是追求商业利润，为了商业利润，时代不再具有高尚的精神，城市不再具有艺术的品质，人们的欲望无限地膨胀。

　　伟大的乔布斯发明的苹果手机，有一个漂亮的外壳造型，包含着丰富有趣的功能，使用的方法也很特别。苹果手机投放市场后，引起了世界巨大的轰动，得到了前所未有的赞誉。人们非常喜欢苹果手机，争先恐后地购买，有些供不应求。他成功了，成为人们追捧的明星。然而一切没有结束，苹果公司还在不断地推出新产品，更是令人惊艳不已。人们像吸了毒一样，对苹果手机上了瘾，只要苹果手机有新的产品，就去购买，甚至不考虑价格的昂贵。后来苹果公司专门为富豪打造显示身份的苹果手机，应者云集，仍然供不应求。

　　但是，时间长了，人们虽然喜欢苹果手机，但是有些焦虑、困惑不安。一是因为长期购买苹果手机，金钱上受不了；二是苹果手机只是做些巧妙的、细微的变化，就又让你花钱。先买的人有些失落，有些上当的感觉，后买的人，只是为了赶时髦，炫耀一番，说明不了什么。我有时在想，苹果公司的标志，为什么是只咬了一口的苹果。说明这个苹果有毒，或者具有耐人寻味的含义。

　　不论怎样，苹果手机漂亮，人们喜欢它。但我们会发现，更多的人是被虚荣心的欲望驱使。乔布斯发现了苹果手机可能带来的优势，那就是能勾起人们的欲望，不断地去购买。很多的人中了招，心甘情愿地购买，并沉醉其中不能自拔，忘记了吃饭，忘记了工作，忘记了交朋会友，成为苹果手机脉脉含情的奴隶。虽然我们欣赏苹果公司的创新智慧，但是我们不得不说，苹果公司完全是为了不断索取的商业利益，而且是为有钱人服务的，穷人买不起。

　　我们有时在想，不就是一个电话吗？打个电话，或者微信上给朋友发个朋友圈就够了。但是不知是我的愚钝，还是我完全OUT了，还是所有的人疯了。人们宁愿把很多的金钱与时间花费在苹果手机上，至死不渝。

　　我们还知道一个现象，那就是人们都喜欢在大城市中生活，为了在大城市生活，人们承受着许多难以承受的压力。最明显的事情就是无论大城市的房价多高，也有人去买房，目的是为了在大城市有生存的一席之地。正因为如此，那些地产商们看到了开发住宅的利润，那就是无论房价多高，也有人去买。人们在大城市生活的欲望与地产商们想获得最大利润的欲望不谋而合，造成房价的不断增长。我们不得不思考，人们为什么非要买房，都不买的话，房价不会这么高，或者人们去租房，也比承受买房的巨大压力好得多。在西方的国家，70%～80%的人们并不买房，而是租房。但是在中国，人们的传统观念根深蒂固，那就是必须有自己的房子，心里才踏实，才是安居乐业。

大城市房价的居高不下，正是人们的欲望所驱使，并不是真正的市场规律。况且大城市的规模过于庞大，人口太多，交通经常堵塞，而且污染严重，环境恶劣、资源紧张，工作难、上学难、看病难的问题越来越严重，非常不适合人居。但是由于人们的虚荣心，以及城市发展的严重不平衡，人们宁愿生活在大城市。

我们有时在想，过高的房价，如同草菅人命、涂炭生灵！地产商们、利益者们扪心自问，赚那么多钱有什么用，摸摸你的良心，还是肉长的吗？世间的不公平，正是极少数人过度的欲望膨胀造成的，人难道不能平等、和谐的相处？

我们看到大城市，繁华、发达，规模庞大，人口众多，但这不是真正的城市，而是各种欲望交织、堆砌的结果。城市成为欲望展示的舞台，欲望使得城市无度地拓展，没有尽头，欲望使得人们丑陋、罪恶的本性暴露无遗，争权夺利、巧取名利、招摇撞骗、谋财害命的事情层出不穷，人们甘心为了虚荣、贪图享乐的欲望而堕落。

人们总是想拥有更加宽敞、舒适住房，想穿漂亮的服装，想吃所有的美味佳肴，想开上豪华的汽车，尽情地娱乐、享受。其实这样的要求没有错，但是，当人们变得贪得无厌时，就会适得其反，产生不良的严重后果。

为了满足我们不断增长的欲望，城市成为欲望的化身。为了城市，我们放弃了与自然的和谐相处，不断地占有与破坏自然，每一寸土地，每一座山峦，每一条河流，甚至辽阔的海洋也不放过。自然在我们面前不断地退却，不断地消失。我们对此似乎无动于衷，甚至满足于征服与挥霍的快乐之中。如果自然没有了，除了我们，不再有生命的迹象，我们将无法感受生命的丰富多彩与动听，甚至我们也将无法存在。

目前，没有铲除欲望、堕落的好办法。为了权力，政治家们忙于空洞地演说，为了所谓的经济，经济学家门忙着寻找财富，寻找经济的增长点，为了生存，科学家、教育家、医生等都成为金钱的奴隶，挣钱的工具。

时代非常科技现代化，城市高度发达，物质生活所需应有尽有，物质极度的丰厚，我们生活得很舒适、快乐。可是时代的进步、城市的进步、物质的进步，却没有唤起人们的良知更加高尚、伟大。反而人性的弱点、丑恶、贪婪更加暴露无遗，使得人们变得更加贪得无厌、厚颜无耻。社会的财富不断地被集中到少数人手中，造成社会财富的分布越来越不均等。由于富人更富，并演变为有地位的象征，穷人更穷，没有了地位与尊严。金钱、权力开始成为社会的崇尚，为了金钱权力，人们可以铤而走险、招摇撞骗，为了金钱、权力，人们把金钱、权力视为快乐，真正的人性精神极度的空虚。穷人们更加贫穷，社会出现了恶性循环的怪圈；富人们却没有满足人们的欲望，也没有使得人性更加高尚伟大。人们变得更加的贪婪，自私自利。

其实，平心而论，现在的城市水平，我们应该知足了。我们认为，除了基本的衣食住行满足需要外，社会应该关注教育、医疗、环境就够了。教育可以让我们更智慧，医疗让我们身体更健康，环境优美让我们心情舒畅，具有生命的活力。

我曾看过一本书，是由美国作家梭罗写的，书名是《瓦尔登湖》。作者在书中主张平淡、朴素的生活，那就是到自然界中去生活，自力更生，自给自足，找到人性真正的自我，回归人的自然本性。

我们相信大部分人士认同这是人类最根本的生活，但是有很多人同时又不心甘情愿。为什么呢？因为人们不愿意过平淡无奇的生活，人们要吃得好、穿得好、住得好，开豪华的汽车。认为这样才是享受生活，才是生活的最高境界。其实人们不知道，生活不论达到什么水平，最终都会归于平淡。

人们在临终前、战争、灾难、困苦的时候，人们没有过多的欲望，会觉得活着就好，会感受到生命深刻的含义。在这时，人们有着宽广的胸怀，有着纯真、善良的人性，有着无边的大爱，有着无私的互相鼓励、关爱，有着为救他人而舍弃生命的壮举。

因癌症辞世的上海复旦大学教师于娟，在生前日记写道：在生死临界点的时候，你会发现，任何的加班（长期熬夜等于慢性自杀），给自己太多的压力，买房买车的需求，这些都是浮云。如果有时间，好好陪陪你的孩子，和相爱的人在一起，蜗居也温暖。

乔布斯临终前的一段感言：作为一个世界500强公司的总裁，我曾叱咤商界，无往不胜。在别人的眼里，我的人生当然是成功的典范。但是除了工作，我的兴趣并不多，到后来财富于我已经变成一种习惯的事实，正如我肥胖的身体——都是多余的东西组成。此刻，在病床上，我频繁回忆起我自己的一生，发现曾经让我感到得意的所有社会名誉与财富，在即将到来的死亡面前已全部变得暗淡无光，毫无意义了。

然而，我们一旦过上和平、富有、无忧无虑的生活，就什么都忘记了。人们变得自私狭隘，变得贪婪无度，变得互相争斗，互相排挤，变得道德龌龊，感情淡薄，心中只有无限的欲望。

人们是可以有欲望的，关键是我们如何把握。我们认为应该采取这样的态度，一是量力而行，二是知足，三是无欲无求，顺其自然。这就是说，我们要根据自己的能力，去做能做的事情，而不是过分地抬高自己、委屈自己，给自己太大的压力，会很累、很痛苦。要学会满足，珍惜已经拥有的一切，并为此感到快乐。能够无欲无求地生活，是最高的境界，做自己喜欢的事情，过自己喜欢的生活，不要受外界的诱惑与干扰。

我们很难做到没有欲望的生活，只是我们的欲望不要过度，不要过度地偏执而不择手段，要具有科学理性的思考，尊重客观事物的平衡。否则，我们的城市正在畸形地发展，我们的人性正在极度地扭曲，城市不是城市，人性已经黯然失色。

城市精神

　　从1949年新中国成立开始到如今，我们的城市人文精神经历了多次的变化过程，城市人文精神确实反映了人们的价值观、人们的精神面貌。

　　20世纪50年代的城市人文精神我们可以定义为"爱国主义"，新中国刚刚建立，国家终于摆脱了内忧外患，达到了相对和平的统一，建设国家、保卫国家，激发了全体人民的高度热情，国家的利益高于一切，人们从五湖四海奔向祖国建设的第一线，哪里有困难哪里去。那时的人们只有真诚、热情，完全抛弃个人的荣辱、私利于脑后，甚至不惜牺牲生命，那个时代出现了许多可歌可泣的爱国人士、英雄人物，我们也许不会忘记。

　　之后的六七十年代的城市人文精神，我们认为是："运动"，如果我们把50年代的末期也算上，这二十年左右，中国发生了数不清的政治运动。由于运动过于频繁，使得人们由高度的热情变得紧张，到最后麻木不仁、黑白不分。尽管如此，这个时代有很鲜明的时代精神烙印，至今我们在电视、电影中看到那个年代的景象，仍然为之动情，我们已经不计较那个年代的对与错、得与失。

80年代，所有的运动结束了，国家开始重视教育，恢复高考制度。于是在全国掀起了读书热潮，到处是人们如饥似渴的读书身影，城市的人文精神主题表现为"学习"，人们又一次看到了人生的理想。有的人是为了把自己失去的青春年华补回来，有的是为了升学、就业，有的人完全是认识到学习的重要性。这个时代，考上大学是最光荣的事情，上了大学几乎代表你一切都有了，高考成为人生的转折点。当年的高考被称为千军万马过独木桥，竞争相当激烈，考上大学的人才质量确实高；不像现在大学有些太多了，而且不参加高考或考得不理想，还可以自费到国外念书，上大学的渠道也很多。某种程度上，大学教育人浮于事，质量可想而知。

90年代的城市人文精神是："转型、创业"，国家经济转型，企业转型，国家从计划经济走向更加灵活的市场经济，企业由国家财政支持转向自负盈亏或合资。这时政府和企业的人才可以调动或辞职。由于东南部沿海城市的特殊政策，出现了人才"孔雀东南飞"的现象，还有一些人开始"下海"，即所谓的自谋出路。这时的城市之间拉开了人口流动的序幕，出现了人口频繁流动的现象。

21世纪，我们的城市进入了最为辉煌的时代，由于北京奥运会、上海世界博览会、广州亚运会的成功举办，城市掀起了波澜壮阔的建设场景，城市变得愈发的先进发达，靓丽多姿。城市成为举国瞩目的焦点、热点，成为人心所向的目的地。我们看到人们再也沉不住气了，开始潮水般地涌入城市。人们从农村走向城市，从小城市来到中等城市，从中等城市走向大城市，从大城市走向超大城市，从国内走向国际。

但是，我们不知道这个时代的城市精神是什么，人们的精神变得异常复杂，说什么的、信什么的都有，以至于我们看不到任何主流城市精神的端倪。

如果非要让我们说一下现在城市人们的特色是什么，我们只能说是对金钱、名利、权力的欲望，把这个时代称为"欲望"年代。这些欲望的目的都是物质的贪婪与享受，根本没有崇高无私的精神境界。

我们看到政治家、经济学家、教育家等等更多的是鼓励人们竞争获取财富，而不是让人们具有美德与伟大的思想。于是，各个角落充斥着为了财富的竞争与战争，经济强大也已经变了味，不是为了更好的普度众生，而是为了满足利益集团的意愿。

穷人们已经没人管了，即使有人管，这其中不知又会被利益者瓜分了多少。穷人们必须为了生活拼命地忙碌，只能安身立命、苟且偷生，永远富不起来。富人们也在忙碌，但他们会很轻松地攫取更多的财富，越来越富有。但他们不会施舍、慈善，而是尽情地挥霍、享受，或者人前显富、铺张浪费。

由于人们过分追求物质，使得人性变得贪婪、丑陋、堕落、不思进取、真假不分、是非颠倒，分不清正义与邪恶，根本无法具有高尚的精神。

你会经常听到或看到社会上的不正之风四处存在、四处蔓延，让你感到人性腐烂不已。

在现在的城市中，弄虚作假、招摇撞骗者不计其数，技法高超、无孔不入，明的、暗的都有，令人防不胜防，惊魂不定。假专家学者、假军人、假警察、假官员、假学历等等，令人彼此间失去了信任。假商品充斥着大街小巷，轻者上个当罢了，重者危及健康生命。道路上的"碰瓷"者或者摔倒违心讹人的事情，使得人们不知所措，避之不及。每天你都会受到兜售产品的电话、信息，让你不得安宁，感受到私人的空间被无情地践踏。使人失去了诚信、道德、尊重的准则，没有了真善美的精神。用迷幻药劫色、劫财，神不知鬼不觉。社会的物质文明不断进步，人们的精神应该高尚。但是我们看到的犯罪率提高，犯罪的手段多样，而且过去肮脏、缺乏人性的犯罪方式有起死回生的势头。

现在的城市，人们欣赏成功者，明星大腕、企业领袖、富豪，对道德高尚的英雄、兢兢业业奉献的人嗤之以鼻。使得人们的精神追求出现的粗俗、乏味的倾向。

人们崇尚时尚，消磨大量的时间与金钱追求时尚，只看表象，不问内含底蕴、是非曲直。养成了虚荣、浪费的坏习惯，没有了吃苦耐劳、艰苦朴素的精神。

　　人们为了权利而奋争，更多的是达到贪污、腐败的目的，更多的是为自己办事提供方便，根本不是为社会做事情。这样的结果，使得政府失去了公信力、凝聚力，使得人心涣散，集体主义精神消失。

　　地产商们为了自己的利益，不断地哄抬房价，使得人们的生存没有了着落，人们不再热爱城市，甚至不喜欢政府。不再有人关注城市的一草一木，城市的主人翁精神没有了。

　　人们之间的感情正在变得脆弱，不堪一击，亲情、友情、爱情变得没有任何价值。人们变得非常自私，实用主义、金钱主义逐步占据了人们的心灵，我们看到许多亲情、友情、爱情离散，变成利欲熏心或反目成仇的关系。没有了小爱，别指望人们有大爱，民众现在不关心国家在做什么，政府也不关心民众需要什么，爱国主义精神终于被人们束之高阁，变成为空洞的说教。我们看到许多人成功、成才、发家致富了，不是想着为社会、国家作贡献，而是跑到国外去了。想来让人痛心，就如吃奶的孩子忘了娘。

　　我们不能说的太多了，人们究竟失去了那些可贵的精神，因为我们说不清楚了，只知道社会主流的城市精神没有了。

　　城市的精神还包括城市的文化、秩序与风格，有特色文化的城市总是让人兴趣盎然，流连忘返。有秩序的城市让人肃然起敬，感叹城市的凝聚力如此的强烈，有风格的城市，让人们记忆深刻，令人们敬佩。

城市精神为什么没有了，主要是我们放弃了真正的城市法则，放弃了对城市文化性、艺术性的追求，放弃了对城市的精雕细刻，无微不至的关怀。更主要的是人们观念的改变，人性的转变。

我们在前面已经谈了许多关于城市的总体规划、秩序与风格的内容，在这里不再赘述了。我们重点谈谈人性对城市精神的影响。

人性的转变没有得到正确的引导、教育，而且完全的放任自流，使得人们不知道生活真正的目的与意义是什么。

过去我们经历了无数次政治运动，使我们的人性不断地受到摧残，精神不断地受到洗礼，到最终使得我们的人性变得是非颠倒、黑白不分，我们的精神有些错乱，变得麻木不仁。我们总是被声势浩大的政治运动所感动，并付出了巨大的热情与行动，却总是事与愿违，实现不了伟大的理想与目标，我们有些太务虚了，不切实际。

即使这样，我们无怨无悔，没有自暴自弃，似乎还很快乐。因为我们那时的物质生活虽然很困苦，但我们有着强大的精神力量支撑，那就是大家能够齐心协力、同甘共苦、同仇敌忾地做着同一件事情，即使我们不知道政治运动的原因与结果，但是大家也认为必须这样做，这是城市精神的体现，虽然这种精神是可笑的，而且近乎荒唐，但是城市具有精神，这种精神把大家很好地凝聚在一起。我们有时甚怀念那段时光，无法忘记那个年代。

现在没有政治运动了，集体也散了，组织的作用正在弱化。没有了运动，没有了集体，没有了组织，我们除了做自己的事情，真不知道应该做些什么，久而久之，人心开始涣散。

当下，我们的物质生活很好，要什么有什么，非常享受。但是，我们有时会感到非常的孤独无助。没有了集体的依赖，没有了集体的关怀与帮助，没有了倾诉的对象，我们不能心安理得。同时我们会感到困惑、迷茫，社会不再歌颂英雄，不再树立学习的榜样，不再讲究文明礼貌、道德规范，可贵的人文精神没有了。社会更加注重成功的人、大腕明星、有权的人、有钱的人等，似乎告诉人们这样才是出路、方向。我们的人生价值观开始动摇，或者我们知道了做什么样的人更有价值。同时我们的信仰也在动摇，或者迷失，我们不知道对国家、社会应该做些什么，我们不知道该相信什么。

现在的城市精神，令人非常的担忧，表现在各个方面。

人们认为城市越大、建筑越高、越奇特就是城市的精神。殊不知城市已经失去了整体的科学性、艺术性。

人们会认为有权利、有名气、有金钱、有财富就是时代的宠儿，代表了城市精神。殊不知张扬已经使得人心叵测，个人欲望膨胀，变得贪婪无度。

有人认为经济好了，生活好了，就是城市的精神，这是把物质与精神混为一谈。经济、物质的提高，并不能代表人们的素质、精神境界提高。现在大城市趋于恶化的人文状态，已经说明了一切。

现在的城市都是个体精神的集合，没有社会集体的精神，人们无论取得怎样的成就，只是说如何努力，感谢父母，再也不会说感谢国家、感谢社会。如果说热爱祖国、为社会作贡献，反而似乎是在说大话、说假话，可能是多次的政治运动，让人们讨厌政治性的说教与豪言壮语。国家、社会、集体居然在人们的心中不占主导地位，孤独的个人再成功有什么意义。自我为中心的人性，使得人们会变成一盘散沙，根本没有凝聚力、战斗力，如果发生大的事情，我们如何应对？

现在的城市没有了主流的精神，主要的原因是社会的风气使然，社会过于看重经济效益，渲染物质的财富，使得人们像机器一样拼命地忙碌，没有时间与亲人、朋友、同事交流；或者陶醉于虚无的网络世界之中，人们彼此之间变得非常冷漠、无情，精神无所诉求、寄托。还有就是日新月异的时尚更迭，令人应接不暇。而且时尚的变化是变幻莫测的，稍纵即逝，令人捉摸不定。人们因此变得浮躁不安，无法确定什么，相信什么，只能走一步看一步，社会的主流文化从此没有定性，人们的精神处于混乱、迷茫的状态。

城市的文化风格，高贵典雅的品质。人们的文明礼貌、道德水准、组织性、纪律性、风俗习惯、思想状态，经常反映的就是城市的精神。可叹的是现在的城市许多宝贵的精神丢失了，文化风格没了，人性高尚的品格没有了。没有了城市精神，城市的灵魂也就没有了，城市的存在没有任何光彩。

城市传媒

城市传媒

现在的城市传媒机构与传媒方式太多了，完全超出我们的想象，甚至有时让我们感到无孔不入，避之不及。

传统的传媒机构主要是广播、电影、电视、书报、刊物，我们曾经习以为常、司空见惯。但是现在传媒机构多了，除了那些传统机构，出现了互联网、手机、多媒体等，而且后来的传媒机构可能在以后的日子里逐步占据主流，因为它们更便捷。

我们不关心传媒的方式，更关心传媒的内容。因为传媒的内容，在某种程度上反映了时代的风气。

现在的电影多是商业性的、娱乐性的，以美国好莱坞的方式四处传播。这些电影的内容更加远离真实的情感，胡编乱造的比较多，经常令我们混淆对历史、生活的认识。而且电影的进步，不是内容有多感人至深，而是离奇、科幻，更多的是玩弄技法，搞得人们头晕目眩，不得要领。

现在的电视内容真是丰富多彩，由于频道太多了，让你看不过来。但是内容大同小异，多是商业广告、娱乐、电视剧一类节目。广告多得很烦人，经常打断正常的节目进行。娱乐性的节目五花八门，多是选秀节目。电视剧的内容也是大同小异，多是所谓的情感剧、功夫片、战争片。当然也有新闻，但内容的重复性太多，时效性很差。还有一些所谓的专业频道，你会发现节目很不专业，都是主持人在那里装腔作势，引导人们怎么说。偶尔请来嘉宾、学者，也是装装门面，胡吹乱侃。更可笑的是一些有技术含量的专业节目，经常也是全盘炒作，好像经济、体育、旅游、建筑、家庭装修等样样精通，经常出现令人啼笑皆非的错误。

现在的报纸内容，只有几页是可以看的，其他的都是广告。严肃的内容很少，多半是八卦新闻，不知真假，或者是明星大腕生活轶事，还有绯闻。有的报纸内容还弄虚作假、黑白颠倒，具有严重的失误。更可怕的是，报纸成为一些记者捞取好处的工具，成为他们"人前显贵"的资本，经常围着领导人、明星、大老板或者所谓的成功者转悠。还有的记者杜撰、诬陷、攻击个人、企业，进行打击报复，或勒索钱财。报纸关心社会、体恤民情、讴歌英雄的内容越来越少了，都是事后"诸葛亮"，什么事情真是影响太大了，奋笔疾书，好似一个正义者、判官。一些刊物与报纸的内容差不多，只是包装得好看一些，吸引人们眼球的帅哥、靓女封面，还有一些豪华奢侈的汽车、香水、服装、酒类、楼盘的彩页。

如果你想到书店里，去寻找一分纯净、安静，看一些专业性、哲学性、艺术性的书。你又错了，书店也完全商业化了。进入书店，映入你眼帘堆积如山的书，多是现代城市生活、情感的小说，如何快速成功致富，如何整理财富，如何做好经理人，如何为人处事，企业如何改革、升级，如何进入证券市场、金融市场，如何升学就业，汽车、楼盘、家庭装修、旅游指南，还有的就是那些明星大腕的自传与人生感言。

　　为什么我对现在的传媒有以上的看法，这是因为我想写一些城市的文章，想从这些媒体上找到可以参考的资料，看看人们是如何感受城市的，感受生活的，人们有什么样更好的见解，或者有没有跟我想法一致的人或事。结果是我很失望，没有传媒机构关心这些事情，所有的传媒大多关心有名的人物、经济、娱乐、物质的享受。

　　我似乎明白了，为什么现在的城市会出现一些问题，为什么人们拼命地忙碌，要发家致富，追求物质的享受，为什么人们的情感变得不那么坚强纯正，为什么人们的精神恍惚，为什么城市的环境愈发恶劣，为什么房价那么高，为什么交通经常堵塞，为什么优秀的传统美德消失了，为什么城市优秀的品质与人性的素质在下降，为什么上学难、看病难、就业难，等等。这是因为社会的主流媒体宣传不关心这些问题。

　　媒体的导向很重要，不仅让人们能够看到新鲜事物，接受新的思想，也可以让人们接受知识、接受教育，也会让人们互相尊重、关爱，有组织性、纪律性。让人们关注城市，关注交通，关注环境，关注城市的风格与秩序，关注城市的品质。热爱国家，崇尚英雄，帮助脆弱无助的人，有抱负有梦想，具有健康向上的精神，等等；不以善小而不为，不以恶小而为之，社会、城市将会变得高尚。

　　如果媒体没有这样做，为了所谓的利益根本不想这样做。可想我们的社会、城市将会走向何方。现在是需要媒体拿出勇气做一些对社会、城市有益的事情，否则，就是在浪费资源。

223

后记

从2008年开始，有了写城市的想法，经过6年的努力写完了。其实要写的城市内容很多，写也写不完，愿这只是一个过程的结束，希望尽快地与各方人士交流。

古人云：读书破万卷，下笔如有神。可见我读的书还不够多，写起文字相当地吃力。由于没有写过几十万字的东西，故而把文体的结构与中心思想的贯穿经常搞得很乱，惨不忍睹，还自以为是。多亏好朋友、好同学不吝惜时间帮助我指出问题所在，才逐步地清晰起来，初步成文。

由于不是哲学家、历史学家，看问题不一定那么精辟、准确，有可能还是言之无物，无病呻吟。由于职业是建筑师，经常探讨、研究、设计城市的局部，当站在一定的高度宏观整体地去看城市，担心会像狗熊掰棒子一样，不得要领，贻笑大方。

然而事情总是要有人去做，认真地去做，总会有一个响声，让人们听到，继而看到。尤其我们关心设身处地的城市，总会是好事，不会是坏事，总比无动于衷要好。

这几十年，中国的城市进步神速，城市非常的繁荣发达，人们的物质生活水平大幅地提高，可以说达到了史无前例的最高境界。但是，我们希望我们的城市更好，希望我们的城市是真正的城市，我们的生活是真正的生活。我们必须思考城市发展过程的得与失，我们必须解决城市已经显现出来的问题，使得城市健康向上发展。

我们既然把城市作为发展的方向，必须认真关注、呵护城市的成长过程，不能满足现状而沾沾自喜，也不能抱着无所谓的态度而置之不理。

我们要敢于解释城市问题的存在，并不是批判、否定城市的进步与成就，而是要更好地探索城市良性循环的发展方向，科学合理的解决办法。如果我们不这样做，可能会无法预见城市发展会带来的恶果。

因此，我决定果敢地写一写现在的城市，一方面让人们知道城市存在的问题，提醒人们很好地关注；另一方面，我们想普及一下城市的知识，让人们真正地了解城市。这样的话，人们可能知道了真正的城市是什么，从而人们知道怎样热爱、欣赏城市。现在社会上，几乎没有有关城市知识的介绍与宣传，从而造成人们对城市越来越陌生，并产生隔阂、对立的情绪，人们不知道现在的城市怎么回事，是不是真正的城市，真正的城市品质应该是什么。现在的人们有时非常狭隘，只关心自己利益范畴的事，因而也造成社会的涣散，使城市变成没有根基的架构，只是利益堆积的形式，令人担心某一天会崩溃、倒塌，从而失去存在的意义。

除了城市、农村，我们现在还无法选择新的生活方式。由于城市是我们顶礼膜拜的产物，我们不得不把城市视若上宾，好好地礼待、伺候，寄希望于城市，求得所谓的幸福、快乐。

我们对现在的城市熟悉而陌生，因为我们似乎在哪里见到过，但是我们非常不了解。我们没有经受过现代城市的教育，也没有现代城市的实践经验，同时我们放弃了传统城市的美德，更可怕的是我们放弃了思考、选择、创新的权利与精神，正在建设语无伦次的城市，或者复制照搬根本不符合实际的城市。

当今的世界，城市的发展，形势大好。但是，从城市真正的内涵与人性的品德来看每况愈下，正在走向狂妄自大、无所顾忌的方向。城市的文化性、艺术性、科学性正在遭到无情的践踏，人性正在堕落、迷失，甚至达到不可救药的境地。

传统的城市是美好的，给我们树立了光辉的典范。但是我们除了尊敬与破坏的态度以外，不愿意继承与发扬传统城市哪怕一丁点的美德，彻底与传统城市告别了。我们可能认为正在创造新的城市，正在创造一个新的时代。然而我们的时代、城市值得后人称颂吗？值得后人留存吗？不会让后人耻笑吧，我们给他们留下的都是毫无章法、随意堆砌的垃圾，会被无情地清理掉，所剩无几。

我们希望城市的管理者、规划者、建筑师好好地把握城市的战略方向、总体规划、建筑设计，希望所有的人关注城市，城市与我们每一个人息息相关。如果我们不善待城市，城市也不会善待我们。

大规模的城市建设，使得大量的自然资源消失，而且不可复制再生。同时城市正在消耗巨大的能源，还要从自然中攫取。可想而知，自然在一天天减少，不断地消逝而去，我们将面对一个自然匮乏的世界。如果哪一天，自然终于枯竭，我们是否也将面临非常难堪的境地。

世界正在积极地推动城市化的进程，建设大量的城市。但是我们建设的城市，越来越缺少科学性、艺术性、生态性，而且不是民生的真正需求。更多的城市表现出来的是功利性、经济性、商业化，处处是欲望的无限膨胀。我们不得不想一想，究竟我们得到多少利益、财富才能够满足，才能到达一个相对平衡的状态。我们要说的是，可以追求财富，但不能挥霍无度，给我们的后代与未来留下一些吧！

我们的城市本来可以更好，我们的生活本来可以更快乐。但是由于我们从根本上迷失了城市的方向，从根本上迷失了生活的目的与意义。我们忘却了城市的使命，忘却了城市光辉伟大的成就因何而来，我们忘记了生活不仅仅是物质的需求，还有情感、美德、信仰等精神的需求。

我们可能正在建设一文不值的城市，面临的是最无人性的生活。我们已经无法读懂、欣赏城市了，城市到处是不可理喻、为所欲为的失控局面，不论是整体，还是局部，我们看到的都是混乱的堆砌。人性正在无情地堕落，做着荒诞不经的事情。

　　现在的人们，已经开始重视城市的问题所在，提出了智慧城市的理论，并付诸行动。所谓的智慧城市，更多的是重视城市的交通污染与环境保护。但是，城市的文化艺术性，人们的生存压力，人性的自私狭隘，人性的精神需求，还没有得到广泛的关注。而且人们没有注意到现在的城市变成这样，正是由于我们的贪婪促成的，我们占用了大量的土地，破坏了许多的自然环境。我们的城市重复建设的内容太多了，荒废的、奢华的建筑太多了，还建设了许多完全满足虚荣心的政治、体育、文化等建筑。城市的汽车太多了，浮夸的、形式多样的商业产品太多了，丢弃、浪费的资源也太多了。我们的需求并不多，为什么不能适可而止，去做一些对城市与民生真正有意义的事情。

　　我们对待城市的态度，总是治标不治本，习惯于发现一个问题治理一个问题，疲于奔命地弥补城市的错误。为什么不能从城市宏观的整体系统看问题，及早地发现问题，避免今后留下许多难以去除的隐患。

　　中国现在的城市没有计划性，许多在城市中工作与生活的人是盲目的流动人口，给城市带来许多不安定的因素，同时给城市带来了巨大的压力。同时这些流动人口带来了两地分居、留守老人、留守儿童等社会问题。我们看到小城市与农村，年轻人非常少，几乎都奔向大中城市发展了，而使这些地方的城市建设、土地耕种变成非常低效与荒废的状态，老有所依、儿童的教育都成了问题。

我们希望城市更好，希望人们在城市中生活快乐。因而我们提出一些城市存在的问题，并提出解决问题的建议与方法所在，愿对城市的发展有所帮助。我们希望城市不要总是大刀阔斧地前进，有时要做一些精雕细刻的缓慢停留，这样可以使我们的城市有耐人寻味的人文趣味。我们希望人们多多地关注城市，担负起对城市的责任和义务，哪怕只能作一点一滴的贡献，我们的城市都能变得稍微好一些。日积月累，积少成多，我们的城市一定会散发出夺目的光芒。

我们的城市曾经很伟大，光彩照人；我们的城市街区曾经很有味道，妙趣横生；我们的生活曾经很自然，和和美美；我们的思想曾经很单纯，就是做一个正直的人；我们的情感曾经很纯真，就是心灵的结合；我们曾经要求的不多，知足者常乐；我们曾经真挚、质朴，诚信互助；我们曾经一无所有，也能玩出生活的乐趣；我们曾经崇拜科学家、英雄，榜样的力量无穷；我们……我们怀念过去的城市、街区、亲朋好友，那棵遮荫纳凉的大树，水塘边的蛙叫蝉鸣，读着那流露着性格、情感、知识、美感的书信，等等，一去不复返了。

面对现在的城市，我们总是默默地问候：城市，你好吗！希望你真的好！